厚基础·促应用·强交叉

人工智能人才培养新形态精品系列

U0683906

人工智能技术基础

（附微课视频 | 线上实训版）

刘艳　王志萍　苏斌◎主编

*A*rtificial Intelligence
Technological Foundations

人民邮电出版社

北　京

图书在版编目（CIP）数据

人工智能技术基础 ：附微课视频：线上实训版 /
刘艳，王志萍，苏斌主编. -- 北京 ：人民邮电出版社，
2025. --（人工智能人才培养新形态精品系列）.
ISBN 978-7-115-65120-4

Ⅰ. TP18

中国国家版本馆 CIP 数据核字第 20244EZ341 号

内 容 提 要

本书系统、全面地介绍人工智能的基础知识和实践方法。全书共 10 章，包括人工智能概述、机器学习概述、KNN 分类算法、Kmeans 聚类算法、回归算法、决策树算法、深度学习、计算机视觉、自然语言处理和人工智能前沿技术等内容，并设计大量应用案例对算法进行解析。

本书力求叙述简练，概念清晰，内容通俗易懂，提供丰富的实战案例，以培养读者的理论素养、应用能力、创新能力为核心目标。

本书可作为高等学校人工智能专业课、通识类课程教材，还可作为人工智能相关领域开发人员、工程技术人员和研究人员的自学参考书。

◆ 主　编　刘　艳　王志萍　苏　斌
　责任编辑　祝智敏
　责任印制　陈　犇

◆ 人民邮电出版社出版发行　　北京市丰台区成寿寺路 11 号
　邮编　100164　电子邮件　315@ptpress.com.cn
　网址　https://www.ptpress.com.cn
　北京天宇星印刷厂印刷

◆ 开本：787×1092　1/16
　印张：13　　　　　　　　　　2025 年 1 月第 1 版
　字数：291 千字　　　　　　　2025 年 6 月北京第 2 次印刷

定价：59.80 元

读者服务热线：(010)81055256　印装质量热线：(010)81055316
反盗版热线：(010)81055315

前言

人类社会正由信息社会向智能社会加速迈进。得益于算法、算力、数据三大要素的支撑以及应用场景的牵引,人工智能正迈入产业应用阶段,并不断向工业、农业、医疗、金融等领域渗透,重塑传统行业模式,赋能产业转型升级。

党的二十大报告指出,推动战略性新兴产业融合集群发展,构建新一代信息技术、人工智能、生物技术、新能源、新材料、高端装备、绿色环保等一批新的增长引擎;加快发展数字经济,促进数字经济和实体经济深度融合,打造具有国际竞争力的数字产业集群;优化基础设施布局、结构、功能和系统集成,构建现代化基础设施体系。结合国家战略部署,根据高等学校培养人工智能应用型人才的需要,编者本着循序渐进、理论联系实际的原则编写本书。本书注重理论联系实际,着重培养读者应用理论知识、分析和解决实际问题的能力。

本书对人工智能算法进行梳理并归类介绍,借助实际案例对机器学习算法进行详细解析,通过解决实际问题帮助读者深入了解算法原理。通过学习本书,读者可以掌握人工智能的理论和技术,并将人工智能技术运用于策略性任务中,如分类、预测、推荐及识别等。

本书力求叙述简练,概念清晰,内容通俗易懂。书中的案例为接近实际应用的典型案例,难易适中,适合教学。本书配套人邮和鲸人工智能大数据实训平台,为学生提供虚拟的实验环境,助力培养兼具理论知识与实践技能的创新型人才。

本书共 10 章,其中第 1~2 章为人工智能基础知识部分,着重介绍人工智能基础和机器学习理论;第 3~9 章为技术应用部分,着重介绍常用机器学习模型、人工智能算法和经典人工智能应用技术；第 10 章为前沿技术部分，介绍人工智能的前沿技术和新兴应用。

本书是由英特尔（中国）参与合作的教育部产学合作协同育人项目成果，在编写过程中，本书得到英特尔（中国）有限公司夏磊、颜历、徐永磊、杜伟、陆礼明、张智勇、张晶、邱丹、吴缘及北京联合伟世科技有限公司的大力支持和帮助，在此表示衷心感谢。同时，感谢华东师范大学精品教材建设专项基金对本书的支持，感谢华东师范大学数据科学与工程学院的大力支持。

由于编者水平有限，书中难免存在不足之处，欢迎广大读者批评指正。

编者

2024 年 6 月

目录

第1章 人工智能概述

本章概要

人工智能的诞生和发展是 20 世纪最伟大的科学成就之一。人工智能是一门新思想、新理论和新技术不断涌现的前沿交叉学科，涉及计算机科学、生物学、心理学、物理学、数学等多门学科。作为一门前沿交叉学科，人工智能的研究范围非常广，涉及专家系统、机器学习、自然语言处理、计算机视觉、模式识别等多个领域。

人工智能已经成为新一轮科技革命和产业变革的核心驱动力，正在对世界经济、社会进步和人类生活产生深刻影响。越来越多的国家把人工智能作为引领未来、驱动新一轮科技和产业革命的战略性技术。人工智能相关成果已经广泛应用到国防建设、工业生产、国民生活等领域。人工智能技术引起越来越广泛的重视，将推动科学技术的进步和产业的发展。

本章主要介绍人工智能的基本概念、发展历史，并对人工智能的研究领域和主要应用进行介绍。基于 Python 在数据分析、机器学习、深度学习等人工智能领域的广泛应用，本章最后会介绍使用 Python 进行人工智能实验的基本方法。

学习目标

完成对本章的学习后，要求达到以下目标：

（1）了解人工智能的定义和发展历史；

（2）了解人工智能的研究领域；

（3）了解人工智能未来的发展方向；

（4）了解人工智能的主要应用；

（5）掌握使用 Python 进行人工智能实验的基本方法。

1.1 人工智能简介

随着人工智能技术的发展，人工智能行业已经由实验室阶段转向产业应用阶段，并不断向工业、农业、医疗、金融等领域渗透，重塑传统行业模式，衍生新的业态，赋能产业转型升级。

尤其是近年来，人工智能相关技术得到全面发展，各类新技术层出不穷，在云计算、大数据和芯片技术等新兴技术的加持下，逐渐从"智能"发展成"智慧"，占领了新一轮科技革命的"高地"。人工智能是现阶段产业发展的核心动力，是"智能化时代"的关键基础。

作为一门引领未来的学科，人工智能涉及多个科学领域，自 20 世纪 50 年代诞生以来，经历了很多挫折，面临了很多挑战。随着科学计算的全面发展，人工智能领域也随之不断发展，在信息技术领域具有举足轻重的地位。

1.1.1　人工智能基本概念

《现代汉语词典（第 7 版）》中"智能"形容具有人的某些智慧和能力。国外一些研究者认为，智能是适应环境的能力。由此可见，**智能**（Intelligence）通常指人类智能，包含人类所具有的知识和智力。其中，知识是智能行为的基础，而智力是获取知识并应用知识解决问题的能力。智能包括具有感知能力、具有记忆和思维能力、具有学习能力、具有行为能力等。

人工智能（Artificial Intelligence，AI）就是用人工的方法在机器上实现的智能。由于人工智能是在机器上实现的，因此其又称为机器智能（Machine Intelligence，MI）。

人工智能学科是计算机科学中涉及研究、设计和应用智能机器的一个分支，该学科包括如何设计和构造智能计算机系统，使其能模拟、延伸、扩展人类智能，如何在智能计算机系统上实现人类智能，以及如何应用智能计算机系统来解决问题。

人工智能能力是智能机器执行智能行为的能力。这些智能行为不仅涉及学习、感知、思考、理解、识别、判断、推理、问题求解，还涉及通信、设计、规划和行动等活动。

1.1.2　人工智能的发展

1．人工智能的诞生

图灵测试可以说是人工智能研究的雏形，从这个时候开始，人们已经认识到机器与人类在智能上的相关性。在 1956 年夏季，约翰·麦卡锡（John McCarthy）、克劳德·香农（Claude Shannon）、马文·明斯基（Marvin Minsky）、赫伯特·西蒙（Herbert Simon）、艾伦·纽厄尔（Allen Newell）、纳撒尼尔·罗切斯特（Nathaniel Rochester）等专家在达特茅斯学院（Dartmouth College）举办了一次为期两个月的"人工智能夏季研讨会"（后文简称"达特茅斯会议"），部分参会专家如图 1.1 所示。

专家们在研讨会上热烈讨论了如何用机器模拟人类智能的问题。会上，约翰·麦卡锡提议正式使用"人工智能"这一术语。达特茅斯会议在人类历史上第一次提出人工智能的概念，是人工智能史上极具开创性的事件。

由于受当时技术的限制，达特茅斯会议并未实质性解决具体问题，但确定了人工智能的目标以及相关技术方法，使人工智能真正成为一个科研领域。这次会议是具有历史意义的重要会议，标志着人工智能作为一门新兴学科正式诞生。约翰·麦卡锡也因而被称为"人工智能之父"。

（a）约翰·麦卡锡　　　　（b）克劳德·香农　　　　（c）马文·明斯基　　　（d）纳撒尼尔·罗切斯特

图 1.1　达特茅斯会议部分参会专家

自达特茅斯会议之后的 10 多年里，人工智能在问题求解、机器学习（Machine Learning）、定理证明和模式识别等方面取得了很多成就。

在问题求解方面，1957 年，艾伦·纽厄尔团队通过心理学实验总结出了人们求解问题的思维规律；1960 年，他们在"逻辑理论家"系统的基础上编制了通用问题求解程序，用来求解很多常识问题。

在机器学习方面，1957 年罗森布拉特（Rosenblatt）成功研制了感知机（Perceptron）。这是一种将神经元用于识别的系统，它的学习功能引起了广泛的关注，推动了连接机制的研究。

在定理证明方面，美籍华人数理逻辑学家王浩于 1958 年在 IBM 704 机器上用 3～5min 证明了《数学原理》中有关命题演算的全部定理，并且证明了谓词演算中的大部分定理。

在模式识别方面，1959 年塞尔弗里奇（Selfridge）推出了一个简单的模式识别模型。

随着人工智能技术的蓬勃发展，人工智能这门新兴学科已经得到了世界的肯定和认可。1969 年，第一届国际人工智能联合会议成功举办。这次国际会议是人工智能发展史上一个重要的里程碑，对推动人工智能的发展、促进研究者的交流起到了重要的作用。

随着人工智能被世界各国所认可和投入研究，人工智能作为一门学科被正式建立起来。

2．人工智能的发展

（1）人工智能发展的第一个阶段。

随着数理逻辑、控制论、信息论、电子计算机等迅速发展，人工智能也得到了快速发展。到 20 世纪 70 年代，许多国家都开展了对人工智能的研究，并涌现出大量的研究成果。

然而，作为一门新兴学科，人工智能的发展道路是充满曲折和困难的。

例如，对人类语言进行机器翻译的研究不像人们设想的那么顺利。研究结果表明，两种语言间的互译并没有预想的容易，甚至机器翻译出来的结果有时会出现荒谬的错误。例如，"光阴似箭"的英文翻译为"Time flies like an arrow"，将这句话翻译成日文后再翻译回英文会变成"Sometimes flies like arrows"，即"有时苍蝇喜欢箭"。

又如，"心有余而力不足"的英文翻译为"The spirit is willing but the flesh is weak"，将这句话翻译成俄文后再翻译回英文时竟变成了"The wine is good but the meat is spoiled"，即"酒是好的，但肉变质了"。

【例1.1】体验中英互译系统。

输入 Fruit flies like a banana，查看其中文翻译。分别使用在线翻译系统，如百度翻译、金山词霸翻译、有道翻译等工具进行翻译，可以看出翻译得到的结果并不相同，如图 1.2 所示。

Fruit flies like a banana	×	水果像香蕉一样飞
Fruit flies like a banana	×	果蝇就像一个香蕉
Fruit flies like a banana	×	果蝇喜欢香蕉

图 1.2　翻译结果

实际上，即便放到现在，语言的歧义还是很难完全避免。例如对"我一把把把把住了"等句子的理解，在实际分析过程中，需要进行上下文语境分析、俗语分析、语言习惯分析等。

1969 年，符号主义学派的代表人物马文·明斯基在所著新书《感知机》中提到"感知机连基本的异或计算都做不到"，他的观点加速了人工智能领域政策和舆论的转变。

【例1.2】难解决的异或问题。

异或（Exclusive OR，XOR）问题是逻辑运算问题。假设有 A 和 B 两个逻辑值，1 表示真，0 表示假。如果 A、B 两个值不同，则异或运算结果为 1。如果 A、B 两个值相同，则异或运算结果为 0。其运算法则如表 1.1 所示。

例 1.2

表 1.1　异或运算

A	0	0	1	1
B	0	1	0	1
A XOR B	0	1	1	0

异或运算也可以见图 1.3，其中"▲"表示运算结果为假，"●"表示运算结果为真。

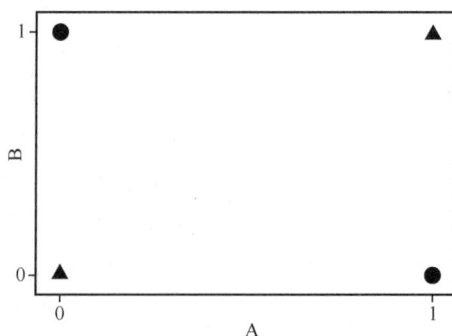

图 1.3　异或运算结果分布

请思考，能否画出一条直线段，将图 1.3 中的 4 个点划分为 "▲" 和 "●" 两类？

在问题求解方面，当时的人工智能程序无法解决复杂问题。由例 1.2 可以看出，线性感知机无法解决异或问题等非线性问题，然而复杂的信息处理问题通常主要是非线性问题。由于人工智能面临诸多难以解决的问题，在 1976 年左右，多国政府中断了对大部分人工智能项目的资助，企业也减少了投入，人工智能研究在这段时间遭遇了第一次 "寒冬"。

（2）人工智能发展的第二个阶段。

人工智能发展的第二个阶段从 20 世纪 70 年代开始，核心是专家系统技术。1977 年费根鲍姆（Feigenbaum）在第五届国际人工智能联合会议上提出了 "知识工程" 的概念，开启了以知识为基础的 "智能系统时代"。业界接受了费根鲍姆关于以知识为中心展开人工智能研究的观点。从此，人工智能的研究迎来了以知识为中心的新发展时期。

这个阶段的人工智能基础是知识工程，代表成果是专家系统。在此期间，专家系统的研究在多个领域中取得了重大突破，产生了巨大的经济效益及社会效益。例如，医疗专家系统 MYCIN 能识别 51 种病菌，正确处理 23 种抗生素，可协助医生诊断、治疗细菌感染性血液病，为患者提供处方，显示出较高的医疗水平。地矿勘探专家系统 PROSPECTOR 通过存储的矿藏知识，能根据岩石标本及地质勘探数据对矿藏资源进行估计和预测，并制定合理的开采方案，为企业找到了一个价值超过一亿美元的钼矿。

专家系统的成功，使人们在当时认为知识是智能的基础，对人工智能的研究必须以知识为中心来进行。此后，人们对知识的表示、利用及获取等的研究取得了较大的进展，特别是对不确定性知识的表示与推理取得了突破，建立了主观贝叶斯理论、确定性理论、证据理论等，这为人工智能中模式识别、自然语言处理等领域的发展提供了支持，解决了许多理论及技术上的问题。

此外，人工智能在博弈中的成功应用也举世瞩目。人工智能刚作为一门学科问世时，亚瑟·塞缪尔（Arthur Samuel）就研制出了跳棋程序。这个程序能从棋谱中学习，也能从下棋实践中提高棋艺。1959 年它击败了亚瑟·塞缪尔本人。1996 年 2 月，国际象棋棋王卡斯帕罗夫（Kasparov）与 IBM 公司的 "深蓝" 计算机系统开始了 "人机大战"，"深蓝" 最终赢得了这场举世瞩目的 "人机大战"。然而，人工智能尤其是神经网络在图像识别等复杂问题上陷入困境。人工智能在 20 世纪 90 年代后期进入了第二次低谷期。

（3）人工智能发展的第三个阶段。

进入 21 世纪，人工智能领域的一颗新星——深度学习（Deep Learning）冉冉升起，将人工智能推向了另一个高峰。

谷歌公司 DeepMind 团队的、通过深度学习训练的 AlphaGo 程序在 2016 年与围棋世界冠军李世石进行围棋 "人机大战" 并获胜。2017 年，AlphaGo 在中国乌镇围棋峰会上战胜围棋冠军柯洁。

人工智能取得的这些成就让世人震惊，也点燃了全世界对人工智能的热情，世界各国的政府和商业机构纷纷把人工智能列为未来发展的重要部分。

3．人工智能的未来

人工智能自诞生起，就专注于让计算机通过“机器学习”来自我优化算法。随着人工智能技术的不断发展，各种人工智能产品逐步进入我们的生活。

现阶段的人工智能主要是针对特定任务的**专用人工智能**。这些人工智能只会在限定好的狭窄领域中发挥作用，能在某些任务测试中达到人类的智能水平，例如 AlphaGo 在围棋比赛中获胜，但它不具备且不追求全面、复杂的认知能力，因此专用人工智能也被称为“**弱人工智能**”。

科学家对人工智能未来的发展提出了很多设想。最普遍的看法是人工智能在未来将发展到**通用人工智能**。科学家认为通用人工智能可以在各个智能领域模仿或超过人类，能够在各个方面达到或超过人类的智能水平，可高效进行感知、思考、判断、推理、学习、决策等。因此通用人工智能也被称为“**强人工智能**”。

不管怎样，人工智能能够辅助人类高效解决问题，在解放劳动力、推动现代化生产、智能化组织管理等各方面起到关键作用。

人工智能技术正在引领新一轮产业变革，将对产业升级起到决定性作用。人工智能作为社会发展的新动力，是国家发展的重要引擎。同时，人工智能的实际应用又促进人工智能理论研究的深入和发展。

1.2 人工智能的研究内容

人工智能有着十分广泛和极其丰富的研究内容。不同的人工智能研究者从不同的角度（例如，基于脑功能模拟、基于不同认知观、基于应用领域和应用系统、基于系统结构和支撑环境等）对人工智能的研究内容进行分类。下面介绍具有普遍意义的人工智能研究内容。

1．知识表示

知识表示起源于人工智能发展的第一次寒冬，为人工智能开辟了一个新的重要研究领域。

知识表示就是将人类知识概念化、形式化或者模型化，包括如何使用计算机表示知识、根据已有知识进行推理和应用知识解决问题。其中，知识表示是基础，知识推理用于实现问题求解，而知识应用是目的。在知识表示中，一般的手段是用符号知识、算法和状态图等来描述待解决的问题。

常见的知识表示方法有符号表示法（例如谓词逻辑和产生式）、连接机制表示法（例如神经网络）等。

2．机器感知

机器感知就是使机器具有类似人类的感觉能力，包括视觉、听觉、触觉、嗅觉等。其中应用非常广泛的是计算机视觉（机器视觉）和机器听觉。计算机视觉用来理解图像，可识别文字、场景和人的身份；机器听觉能够识别与理解声音等。

机器感知是机器获取外部信息的重要途径。要使机器具有感知能力，需要先为机器配置各类传感器。

计算机视觉和机器听觉催生了人工智能的两个研究领域：模式识别和自然语言处理。实际上，随着这两个研究领域的进展，它们已逐步发展成为相对独立的学科。

3．机器思维

机器思维是由图灵提出的概念，主要指使用机器模仿人类思维的推理、决策、理解、思维和学习等功能。在实现机器思维的过程中，需要综合运用知识表示、知识推理、认知建模和机器感知等技术，进行以下研究。

（1）知识表示，特别是各种不确定性知识和不完全知识的表示。

（2）知识组织、积累和管理技术。

（3）知识推理，特别是各种不确定性推理、归纳推理、非经典推理等。

（4）各种启发式搜索和控制策略。

（5）人脑结构和神经网络的工作机制。

4．机器学习

机器学习是继专家系统之后人工智能应用的又一重要研究领域，也是人工智能和神经计算的核心研究课题之一。

机器学习主要研究如何使机器具有类似人类的学习能力，使机器能自动地获取知识并进行学习。学习是人类具有的一种重要智能行为，机器本身没有学习能力。机器学习就是使机器具有学习新知识和新技术，并在实践中不断改进和完善的能力。机器学习能够使机器自动获取知识，例如通过书本等文献资料或与人交谈、观察环境等进行学习。

5．机器行为

机器行为是 2019 年麻省理工学院研究人员提出的概念，机器行为涉及计算机、社会学等多个学科，研究对象是智能机器，不从工程机器的角度进行研究，而是将其视为有自己行为模式和生态反应的个体，如机器在社会活动中进行对话、描写，以及移动、操作物品等。研究机器的拟人行为是人工智能的高难度任务。机器行为与机器思维是密切相关的，可以说机器思维是机器行为的基础。

6．智能计算机系统

智能计算机系统简称智能系统，是人工智能各类研究的基础，人工智能领域的新理论、新技术和新方法都离不开智能系统的硬件和软件支持。因此，对智能系统的模型、系统构造与分析技术、系统开发工具，以及人工智能编程语言的研究至关重要。智能系统中的机器操控系统、程序设计系统、分布式操作系统、并行处理系统、多机协作系统等，都是人工智能开发中不可或缺的支撑系统。

1.3 人工智能的学派

在人工智能发展过程中，人们提出了很多问题，例如人工智能是否一定要采用模拟人类智能的方法，或者人工智能应该以何种方式模拟人类智能等。

研究人员分别从对人脑功能的模拟、认知理论、应用领域、系统结构等多个角度，对人工智能进行了研究和探索，也产生了不同的人工智能学派。经典的人工智能学派包括符号主义学派、连接主义学派和行为主义学派三大类别。

1.3.1 符号主义学派

符号主义学派主张采用基于逻辑推理的智能模拟方法，符号主义学派又称逻辑主义学派、心理学派或计算机学派。该学派是人工智能领域形成较早且影响较大的一个学派，代表人物有赫伯特·西蒙、艾伦·纽厄尔等。

符号主义学派认为，人对客观世界的认知基元是符号，且认知过程即符号操作过程，人本身就是一个物理符号系统。符号主义源于数理逻辑，数理逻辑从 19 世纪末起就获得迅速发展，到 20 世纪 30 年代开始用于描述智能行为。计算机出现后，又在计算机上实现了逻辑演绎系统。符号主义学派具有代表性的成果为启发式系统"逻辑理论家"（Logic Theorist，LT），其证明了 38 条数学定理，表明可以应用计算机研究人类智能活动。

正是这些符号主义者，在 1956 年首先采用了"人工智能"这个术语。后来又发展了启发式算法、专家系统、知识工程理论与技术，并在 20 世纪 80 年代取得很大发展。

符号主义学派曾长期一枝独秀，为人工智能的发展做出了重要贡献，尤其是专家系统的成功开发与广泛应用，对人工智能走向工程应用具有特别重要的意义。在人工智能的其他学派出现之后，符号主义学派仍然是人工智能的主流学派。

符号主义学派认为人工智能应该使用功能模拟的研究方法，即通过分析人类认知系统所具备的功能和机能，主张用数理逻辑方法来建立人工智能的统一理论体系，然后用计算机模拟这些功能，从而实现人工智能。

然而，符号主义学派遇到不少无法解决的难题，例如不确定事务的知识表示和问题求解等难题，因此受到其他学派的否定。同时，人们求解问题也并非仅依靠逻辑推理来进行，有时非逻辑推理在求解问题的过程中起着更重要的甚至决定性的作用。

1.3.2 连接主义学派

连接主义学派又称仿生学派或生理学派。该学派认为大脑是人类一切智能活动的基础，而人工智能可以通过模拟人脑的结构来实现，人的思维基元是神经元。因而研究大脑神经元及其连接机制，以及研究大脑的结构及处理信息的过程和机理，能够揭示人类智能的奥秘，从而真正实现机器对人类智能的模拟。

连接主义学派的代表成果是神经网络算法，其中之一是 1943 年生理学家沃伦·麦卡洛克（Warren McCulloch）和数理逻辑学家沃尔特·皮茨（Walter Pitts）创立的脑模型，即 M-P 模型。

M-P 模型开创了用电子装置模仿人脑结构和功能的新途径，从神经元开始进而研究神经网络模型和脑模型，开辟了人工智能的新道路。

20 世纪 60~70 年代，连接主义学派的研究曾出现过热潮，尤其是对以感知机为代表的脑模型的研究吸引了大批研究者。由于受当时的理论模型、生物原型和技术条件的限制，脑模型研究在 20 世纪 70 年代后期至 20 世纪 80 年代初期进入低潮。直到约翰·霍普菲尔德（John Hopfield）教授在 1982 年和 1984 年发表两篇重要论文，提出用硬件模拟神经网络后，连接主义学派才重获"新生"。1986 年，戴维·鲁梅尔哈特（David Rumelhart）等对神经网络反向传播（Back Propagation，BP）算法进行了扩展和推广，使连接主义学派势头大振，从模型到算法，从理论分析到工程实现，为神经网络计算机走向高峰打下了核心基础。

连接主义学派主张人工智能应着重于结构模拟，即模拟人的生理神经网络结构，且认为功能、结构和智能行为是密切相关的，不同的结构会表现出不同的功能和智能行为。该学派已经提出多种人工神经网络结构和众多的学习算法。

然而，以网络连接为主的连接机制及对应的方法不适合模拟人类的逻辑思维过程。而且现阶段的根据神经网络体系结构所搭建的系统也无法达到开发多种类知识的要求，因此无法仅依靠连接机制解决人工智能领域的问题。

1.3.3　行为主义学派

行为主义学派又称进化主义学派或控制论学派，行为主义学派的研究方法起源于控制论。行为主义学派认为智能与个体对环境的感知和对应的行为有关，不需要知识表示和推理等技术。他们还认为智能只能在与现实世界环境的交互过程中表现出来，人工智能也会像人类智能一样通过逐步进化而实现，这也符合达尔文的进化论。

控制论思想是 20 世纪 40~50 年代盛行的思潮，影响了早期的人工智能工作者，产生的研究领域包括控制论、自组织系统，以及钱学森等人提出的工程控制论和生物控制论等。

控制论把神经系统的工作原理与信息理论、控制理论、逻辑以及计算机联系起来。早期的研究重点是模拟人在控制过程中的智能行为和作用，如对自寻优、自适应、自校正、自镇定、自组织和自学习等控制论系统的研究。到 20 世纪 60~70 年代，对这些控制论系统的研究取得一定进展，并在 20 世纪 80 年代诞生了智能控制和智能机器人系统。

行为主义学派是 20 世纪末才以人工智能新学派的面孔出现的，引起许多人的关注。这一学派的代表作首推布鲁克斯（Brooks）的六足行走机器人，其是一个基于感知-动作模式模拟动物行为的控制系统，它被看作新一代的"控制论动物"。

行为主义学派认为人工智能的研究方法应采用行为模拟法，不同行为表现出不同功能和不同控制结构。行为主义学派的研究方法也受到其他学派的怀疑与批判，其他学派认为行为主义学派最多只能创造出智能昆虫行为，而无法创造出人的智能行为。

从现实来看，人工智能的 3 个学派是长期共存与合作的，从相互取长补短到融合发展，也衍生了人工智能的很多新研究和新应用。

在探索人工智能未知领域的过程中，符号主义、连接主义和行为主义三大学派各自开辟出了一条研究路线。3 个学派虽各有千秋，但目标都是创造出能够模拟甚至超越人类智能的技术，其手段也都是使用机器模拟人类智能。

在实现智能的过程中，人工智能工具和编程语言是不可或缺的。在人工智能领域，编程语言的选择有很多。例如，Java 语言以其稳定性和跨平台能力，在大型系统中得到广泛应用；C 和 C++语言因其高性能，在需要运行速度的场合扮演重要角色；LISP 语言作为历史上最早的机器人编程语言，至今仍因其强大的符号处理能力继续发光发热。

在众多编程语言中，Python 以其简洁的语法和丰富的库资源，成为实现人工智能的主流选择。无论是科学计算、数据分析、机器学习还是深度学习，Python 都有很多工具和库支持，如 NumPy、pandas、scikit-learn、TensorFlow 和 PyTorch 等，这些工具和库极大地简化了人工智能的实现过程，使研究人员和开发人员能够专注于算法创新和应用探索。

接下来，我们将介绍如何使用 Python 实现人工智能应用。

1.4 Python 人工智能实现

目前人工智能领域最热门的编程语言当属 Python。Python 是一门兼容性很好的脚本语言，可运行在多种计算机平台和操作系统中，如 UNIX、Windows、macOS 等。

Python 简单易学、运行良好，它能够自动进行内存回收，是一种面向对象的编程语言，且拥有强大的动态数据类型和模块的支持，最重要的是语法简单且强大。Python 是开源项目，与大部分传统编程语言不同，Python 体现了极其自由的编程风格。

Python 最大的不足是性能问题，其运行效率不如 Java 或者 C 语言的。所以在工程实现中，有时会根据需要在 Python 程序中调用使用 C 语言编译的程序。

常见的 Python 集成开发环境有 PyCharm、Visual Studio Code、Eclipse+PyDev 等。对初学者比较友好的、开源的集成开发环境软件 Anaconda 使用广泛，其中内置两种开发环境，分别是 Jupyter Notebook 和 Spyder。其中，Jupyter Notebook 是一个 Web 交互计算环境，Spyder 是一个标准的可视化集成开发环境。

【例 1.3】使用简单 Python 程序绘制爱心曲线。

代码如下：

例 1.3

```
# -*- coding: UTF-8 -*-
import numpy as np                      #使用 import 导入模块
import matplotlib.pyplot as plt         #使用 import 导入模块并设置别名

def draw(FillStyle):                     #使用 def 定义函数
    x_coords = np.linspace(-100, 100, 500)    #建立 x 坐标数组
    y_coords = np.linspace(-100, 100, 500)    #建立 y 坐标数组
    points = []                          #位置坐标数组
```

```
    for y in y_coords:                    #使用 for 循环遍历 y 坐标数组
        for x in x_coords:                #使用 for 循环遍历 x 坐标数组
            if ((x*0.03)**2+(y*0.03)**2-1)**3-(x*0.03)**2*(y*0.03)**3 <= 0:  #公式
                points.append({"x": x,"y": y})  #将满足条件的坐标添加到坐标数组

    heart_x = list(map(lambda point: point["x"], points))  #获取绘制的 x 坐标
    heart_y = list(map(lambda point: point["y"], points))  #获取绘制的 y 坐标

    if FillStyle==1:            #填充颜色为默认颜色
        plt.scatter(heart_x, heart_y, s=10, alpha=0.5)
    else:                       #填充颜色为"autumn"色板
        plt.scatter(heart_x, heart_y, s=10, alpha=0.5, c=range(len(heart_x)),
cmap='autumn')
    plt.show()
#主过程
fStyle=1                    #使用默认颜色填充
draw(fStyle)                #调用函数绘制爱心曲线
```

当 fStyle=1 时，绘制的曲线填充颜色为默认颜色——蓝色，结果如图 1.4（a）所示。当 fStyle=2 时，绘制的曲线填充颜色为"autumn"色板，结果如图 1.4（b）所示。

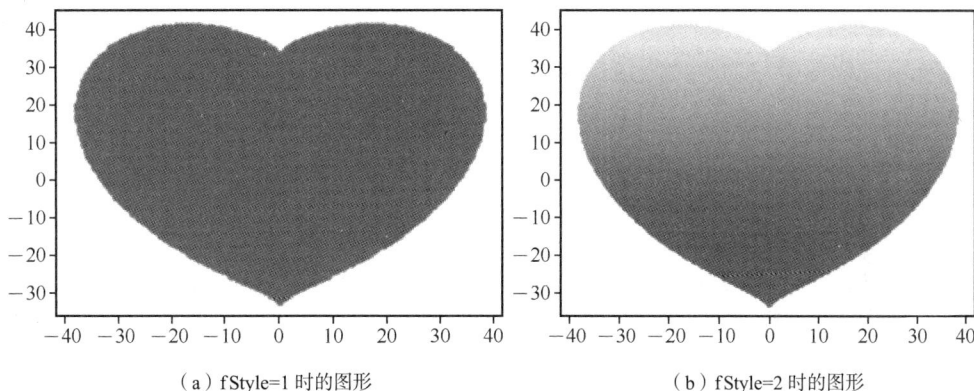

（a）fStyle=1 时的图形　　　　　　　　　　（b）fStyle=2 时的图形

图 1.4　简单的 Python 程序

这个程序使用 def 来定义函数，定义好的函数可以使用函数名和参数进行调用；使用 import 导入模块，还使用 as 关键字为模块设置别名。

使用 Python 进行人工智能算法开发之前，需要熟练掌握 Python 编程方法，循环结构、选择结构、函数使用等都是较常用的基础知识。本书对 Python 的基础知识不做详尽介绍，如果读者需要，可以参阅专门的 Python 教程。

Python 具有强大的数据分析、数学计算等扩展模块，内置的标准模块包括 math、random、datetime、os 等。此外，Python 还拥有强大的第三方模块，例如 NumPy、pandas、Matplotlib 等，为开发人员提供了大量开发资源。丰富的开源生态系统也是 Python 获得成功和流行的原因之一。这些模块让 Python 可以快捷地进行数据分析和科学计算等，使 Python 保持活力和高效。再结合 Python 强大的数据获取、字符串处理等能力，Python 已经成为被广泛使

用的"数据分析利器"。

在模块的助力下，Python 可以解决数值计算、数据分析、图像处理等多种问题。Python 及开源生态系统的结合，使其成为用户优先选择的开发工具。

1.4.1 Python 数值计算模块——NumPy

NumPy 是高性能计算和数据分析的基础模块，是 Python 的一个重要扩展模块。NumPy 支持高维度数组与大型数值矩阵运算，针对数组运算提供大量的数学函数模块。NumPy 运算效率高，是大量机器学习框架的基础模块。

NumPy 底层是一个强大的 n 维数组构成的数据结构对象 ndarray，以及在此基础上的数学函数模块、线性代数运算模块，还有整合 C/C++代码的实用工具包等。

通过 NumPy，开发人员可以方便地设计数组运算、逻辑运算、傅里叶变换和图形图像操作。ndarray 数据结构对象的运算效率优于 Python 的标准 List 类型的运算效率。

研究人员经常将 NumPy 和稀疏矩阵运算模块 SciPy 配合使用，解决矩阵运算问题。NumPy 与 SciPy、Matplotlib 绘图模块的组合是一个流行的计算框架，这个组合可以作为 MATLAB 的替代方案。

NumPy 底层的 ndarray 数据结构对象运算速度快，可以直接进行条件运算、统计运算等基本数组运算，还可以自由更改数组的结构。

NumPy 提供了丰富的统计函数，常用的统计函数如表 1.2 所示。

表 1.2 NumPy 中常用的统计函数

函　　数	描　　述
argmax()	求最大值的索引
argmin()	求最小值的索引
cumsum()	从第一个元素开始累加各元素
max()	求最大值
mean()	求算术平均值
min()	求最小值
std()	求数组元素沿给定轴的标准偏差
sum()	求和

【例 1.4】ndarray 的统计计算。

假设 3 个分公司 2023 年各季度的销售额如表 1.3 所示。

表 1.3 3 个分公司 2023 年各季度的销售额　　　　　　　　　（单位：万元）

公司名称	第一季度	第二季度	第三季度	第四季度
第一公司	60	70	81	100
第二公司	105	107	106	90
第三公司	30	42	50	26

代码如下：

```
import numpy as np
sales = np.array([[60,70,81,100], [105,107,106,90], [30,42,50,26]])
print('3个分公司4个季度的销售额（万元）\n',sales)
# 求每个季度的最高销售额
result = np.max(sales, axis=0) #axis=0 表示列方向
print('各季度最高销售额为: ',result)
# 求每个分公司的季度最高销售额
result = np.max(sales, axis=1) #axis=1 表示行方向
print('各分公司季度最高销售额为: ',result)
# 求每个分公司的季度最低销售额
result = np.min(sales, axis=1) #axis=1 表示行方向
print('各分公司季度最低销售额为: ',result)
# 求每个季度的平均销售额
result = np.mean(sales, axis=0) #axis=0 表示列方向
print('各季度的平均销售额为: ',result)
```

运行结果如下：

```
3个分公司4个季度的销售额（万元）
 [[ 60  70  81 100]
 [105 107 106  90]
 [ 30  42  50  26]]
各季度最高销售额为: [105 107 106 100]
各分公司季度最高销售额为: [100 107  50]
各分公司季度最低销售额为: [60 90 26]
各季度的平均销售额为: [65. 73. 79. 72.]
```

1.4.2 Python 数据分析模块——pandas

pandas 是 Python 的一个数据分析模块，是基于 NumPy 的科学工具，是为了解决数据分析问题而创建的。

pandas 使用强大的数据结构提供高性能的数据操作和分析工具，包括能够便捷处理数据的函数、方法和模型，以及能够操作大型数据集的工具，可以高效分析数据。

pandas 主要用于处理以下 3 种数据结构。

（1）Series：一维数组，与 NumPy 中一维的 ndarray 类似，数据结构接近 Python 中的 List 的，数据元素可以是不同的数据类型。

（2）DataFrame：二维数组，可以理解为 Series 的容器，其内部的每个元素都可以看作一个 Series。DataFrame 是重要的数据结构，在机器学习中经常使用。

（3）Panel：三维数组，可以理解为 DataFrame 的容器，其内部的每个元素都可以看作一个 DataFrame。

pandas 还提供读写 CSV 文件的功能，例如 read_csv()函数可以读取 CSV 文件的数据，可以返回 DataFrame 对象。

pandas 的 Serise 对象和 DataFrame 对象都继承了 NumPy 的统计函数，拥有常用的描述

和汇总统计函数，可以对一列或多列数据进行统计分析，如表 1.4 所示。

表 1.4　pandas 常用的描述和汇总统计函数

函　　数	描　　述
count()	统计数据值的数量，不包括 NULL 值
describe()	对 Series、DataFrame 的列进行汇总统计
min()、max()	计算最小值、最大值
argmin()、argmax()	计算最小值、最大值的索引位置
idxmin()、idxmax()	计算最小值、最大值的索引值
sum()	计算和
mean()	计算平均值
median()	返回中位数
var()	计算样本值的方差
std()	计算样本值的标准差
cumsum()	计算样本值的累计和
diff()	计算一阶差分

【例 1.5】红星小学给三年级学生发教材，共有 4 个班，每个班需要数学、英语、美术、语文 4 本书。创建一个简单的 DataFrame 对象，按班级和课程进行编号，以便快速查找和发放教材。

代码如下：

```
import pandas as pd
df=pd.DataFrame(np.arange(16).reshape(4,4),
            index=['一班','二班','三班','四班'],
            columns=['数学','英语','美术','语文'])
df
```

运行结果如下：

```
        数学    英语    美术    语文
一班      0     1     2     3
二班      4     5     6     7
三班      8     9     10    11
四班      12    13    14    15
```

DataFrame 的计算轴参数 axis 可以取 0 或 1。0 表示纵轴，方向从上到下；1 表示横轴，方向从左到右。当 axis=0 时，数组的变化是纵向的，体现出行的增加或减少；当 axis=1 时，数组的变化是横向的，体现出列的增加或者减少。例如按纵轴求和，代码如下：

```
df.sum()
```

或

```
df.sum(axis=0)
```

运行结果如下：

```
数学      24
英语      28
美术      32
语文      36
dtype:int64
```

按横轴求和，代码如下：

```
df.sum(axis=1)
```

运行结果如下：

```
一班       6
二班      22
三班      38
四班      54
dtype: int64
```

求平均值，代码如下：

```
df.mean(axis=1)
```

运行结果如下：

```
一班       1.5
二班       5.5
三班       9.5
四班      13.5
dtype: float64
```

求最大值也很方便，使用 df.max()函数即可。类似地，求最小值使用 df.min()函数。当我们只需要一个特征的平均值时，可以对上面的 DataFrame 对象进行抽取。

【例1.6】综合示例——百词斩。

编写一个程序，使其可以帮助用户快速背记英语单词。运行程序后，当用户输入 0 时，可以显示英语单词并要求用户输入中文；当用户输入 1 时，可以显示中文并要求用户输入英语单词。

在访问 DataFrame 数据结构时，可以使用 columns 属性来显示列名；使用 values 属性来显示访问值，返回的值是二维数组形式。

例 1.6

代码如下：

```
#百词斩
import time
import pandas as pd
BCdict ={'canteen': ['食堂','shitang'], 'metro':[ '地铁','ditie'],'price':['价格',
'jiage'],
         'label': ['标签','biaoqian'], 'bank':['银行','yinhang'] }
dfDict=pd.DataFrame(BCdict,index=['中文','拼音'])
print('百词斩')
style=input("请选择背单词方式：0——看英语单词写中文，1——看中文写英语单词")
```

人工智能概述 第1章

```
times=int(input('请设置每个单词的停留时间（1~10s）: '))
if style=='0':
    for key in dfDict.columns:
        print(key+"_____ ")
        time.sleep(times)
else:
    for value in dfDict.values[0]:
        print(value+"_____ ")
        time.sleep(times)
```

构造的 dfDict 数据如下：

	canteen	metro	price	label	bank
中文	食堂	地铁	价格	标签	银行
拼音	shitang	ditie	jiage	biaoqian	yinhang

程序运行后，输出结果如下：

百词斩
请选择背单词方式：0——看英语单词写中文，1——看中文写英语单词 0
请设置每个单词的停留时间（1~10s）: 1
canteen_____
metro_____
price_____
label_____
bank_____

百词斩
请选择背单词方式：0——看英语单词写中文，1——看中文写英语单词 1
请设置每个单词的停留时间（1~10s）: 1
食堂_____
地铁_____
价格_____
标签_____
银行_____

对 DataFrame 数据结构还可以使用 loc() 函数和 iloc() 函数实现逐个元素访问。二者的区别在于，loc() 函数使用索引名称进行访问，而 iloc() 函数使用编号进行访问。例如，读取前文的 BCdict 中的拼音数据，代码如下：

```
for column in dfDict:
    print(dfDict.loc['拼音',column])
```

或

```
for j in range(5):
    print(dfDict.iloc[1][j])
```

运行结果如下：

```
shitang
ditie
jiage
```

biaoqian
yinhang

pandas 还可以进行数据分组，例如 pandas.cut() 函数可以把一组数据分割成离散的区间。假设是一组年龄数据，使用 pandas.cut() 函数能够将年龄数据分割成不同的年龄段并标上对应的标签。

pandas.cut() 函数的基本格式：

```
pandas.cut(x,bins,right=True,labels=None,retbins=False,precision=3,include_lowest
=False,duplicates='raise')
```

主要参数说明如下。

- x：待分割的数组数据，必须是一维的，不能使用 DataFrame。
- bins：分割后的区间（或者叫"桶""箱"），有 3 种形式——标量序列（数组）、整型的标量或者 pandas.Interval Index 型。当 bins 为一个整型的标量时，代表将 x 平分成 bins 份。
- precision：保留区间小数点的位数，默认值为 3。
- include_lowest：布尔型，表示左侧是开区间还是闭区间，默认值为 False，也就是开区间，不包含左侧最小值。
- duplicates：是否允许重复区间，取值为'raise'（不允许）、'drop'（允许）。

返回值如下。

- Array：返回一个数组，代表分区后 x 中的每个值在哪个 bin（区间）中，如果指定了 labels，则返回对应的标签。
- bins：分割后的区间，当指定 retbins 为 True 时返回。

【例 1.7】对电影数据集 IMDB 300 中的观影用户，按照年龄划分成组。将观影用户划分成少年、青年、中年和老年 4 个年龄组，对应的年龄段分别是 0～17 岁、18～44 岁、45～59 岁、60 岁及以上。使用素材中的 score.csv 文件。原始数据如图 1.5 所示。

	A	B	C	D	E	F	G
1	Index	uNo	uAge	uOccup	filmNo	score	timestamp
2	1	196	49	writer	242	3	881250949
3	2	186	39	executive	302	3	891717742
4	3	22	25	writer	377	1	878887116
5	4	244	28	technician	51	2	880606923
6	5	166	47	educator	346	1	886397596
7	6	298	44	executive	474	4	884182806
8	7	115	31	engineer	265	2	881171488
9	8	253	26	librarian	465	5	891628467

图 1.5　原始数据

代码如下：

```
import pandas as pd
df=pd.read_csv("score.csv")
# 年龄分组操作
bins_t=[0,17,44,59,200]
level_t=['少年','青年','中年','老年']
```

```
df['Age_group']=pd.cut(df.uAge,bins=bins_t,labels=level_t,right=True)
df.head(20)
```

运行结果如图 1.6 所示。

	Index	uNo	uAge	uOccup	filmNo	score	timestamp	Age_group
0	1	196	49	writer	242	3	88120949	中年
1	2	786	39	executive	302	3	891717742	青年
2	3	22	25	writer	377	1	878887116	青年
3	4	244	28	technician	51	2	880606923	青年
4	5	166	47	educator	346	1	886397596	中年
5	6	298	44	executive	474	4	884182806	青年
6	7	115	31	engineer	265	2	881171488	青年
7	8	253	26	librarian	465	5	891628467	青年
8	9	305	23	programmer	451	3	886324817	青年
9	10	6	42	executive	86	3	883603013	青年

图 1.6 运行结果

从结果可以看出，新增了一个 Age_group 列，为划分的年龄段特征。对观影用户按年龄进行分组并添加标签后，可以更方便地对观影用户进行群体性分析和查看。

1.4.3　Python 数据可视化模块——Matplotlib

在"大数据时代"，数据挖掘工作越来越重要，而根据数据生成出有吸引力的图表更是一件非常重要的事情。Matplotlib 是 Python 主要的科学绘图模块，其功能为生成可发布的可视化内容，如折线图、直方图、散点图等。将数据可视化，可以让用户更容易理解。

Matplotlib 提供了很多参数，可以通过参数控制样式、属性等，生成跨平台的高质量级别的图形。使用 Matplotlib，能让复杂的工作变得容易。

图表一般包括画布、标题、绘图区、坐标轴、图例等基本元素，如图 1.7 所示。其中坐标轴有最小刻度和最大刻度，也包括轴标签和网格线。

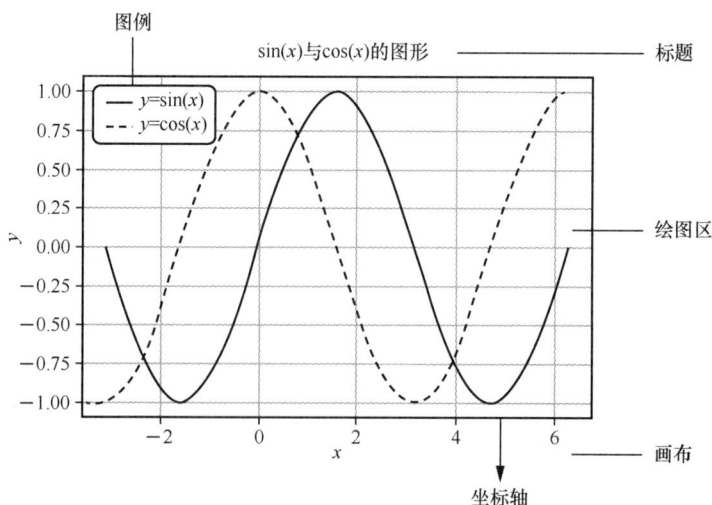

图 1.7 图表的基本构成

Matplotlib 中比较常用的是 pyplot 子模块，该子模块内部包含绘制图形所需的功能函数，常用函数如表 1.5 所示。通过 pyplot 内部的函数，可以很便捷地对数据进行直观展示。

在实际应用中，需要很多类型的图表。matplotlib.pyplot 提供了丰富的绘图函数供用户选择，包括 scatter()（用于绘制散点图）、bar()（用于绘制条形图）、pie()（用于绘制饼图）、hist()（用于绘制直方图）以及 plot()（用于绘制坐标图）等。

表 1.5　pyplot 子模块中的常用函数

函　数	描　述
figure()	创建一个空白画布，可以指定画布的大小
add_subplot()	创建子图，可以指定子图的行数、列数和标号
subplots()	建立一系列子图，返回一个 fig 序列对象，并建立一个 axis 序列
title()	设置图表标题，可以指定标题的名称、颜色、字体等参数
xlabel()	设置 x 轴的名称，可以指定名称、颜色、字体等参数
ylabel()	设置 y 轴的名称，可以指定名称、颜色、字体等参数
xlim()	指定 x 轴的刻度范围
ylim()	指定 y 轴的刻度范围
legend()	指定图例，包括图例的大小、位置、标签等
savefig()	保存图形
show()	显示图形

【例 1.8】多个图表的绘制。

使用 subplot() 方法指定绘图时所使用的子图。例如，下面程序用于绘制两行两列的图表，第一行、第一列绘制的是余弦函数曲线。

代码如下：

```
import numpy as np
import matplotlib.pyplot as plt
plt.figure()                    #建立空白画布
X=np.arange(0,10,0.02)          #自动生成数值序列
plt.subplot(221)                #定位第 1 个子图位置
plt.plot(X,np.cos(X),'r--')     #绘制余弦函数曲线
```

运行结果如图 1.8 所示。

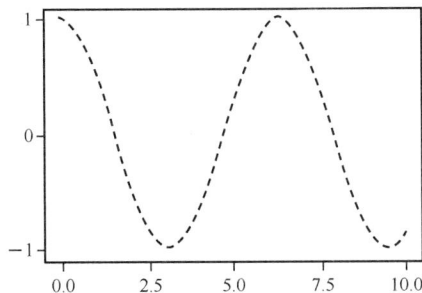

图 1.8　在第 1 个子图中绘制余弦函数曲线

接下来，在第一行、第二列绘制第 2 个子图直线函数曲线，在第二行、第一列绘制第 3 个子图随机数曲线。

代码如下：

```
Y=np.arange(0,10,0.1)                    #自动生成数值序列
plt.subplot(222)                         #定位第 2 个子图位置
plt.plot(X,2*X,X,3*X,X,4*X,'y-')         #绘制直线函数曲线
plt.subplot(223)                         #定位第 3 个子图位置
plt.plot(Y,np.random.rand(100),'g+')     #绘制随机数曲线
```

运行结果如图 1.9 所示。

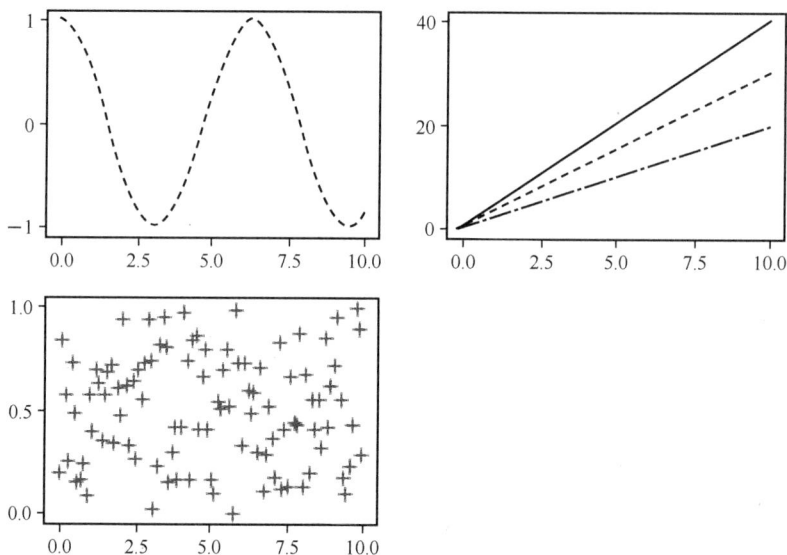

图 1.9 3 个函数曲线

接下来，在第二行、第二列子图（即第 4 个子图）中绘制自定义函数曲线。先定义自定义函数，然后绘制曲线。

代码如下：

```
#自定义函数
def f(data):
    return np.sin(data)*np.exp(data)/1000
plt.subplot(224)                         #定位在第 4 个子图位置
plt.plot(X,f(X),'bo',Y,f(Y),'k')         #绘制自定义函数曲线
```

完整代码如下。在 Jupyter Notebook 环境下，可以在第一行添加魔法函数代码%matplotlib inline 刷新系统，提高图表显示速度。Matplotlib 会自动调用显示图表功能，但还是建议在最后一行增加 Matplotlib 的 show()函数将图表展示出来。最终的图表效果如图 1.10 所示。

```
%matplotlib inline
import numpy as np
import matplotlib.pyplot as plt
```

```
plt.figure()                          #建立空白画布
X=np.arange(0,10,0.02)                 #自动生成数值序列
plt.subplot(221)                       #定位在第 1 个子图位置
plt.plot(X,np.cos(X),'r--')            #绘制余弦函数曲线

Y=np.arange(0,10,0.1)                  #自动生成数值序列
plt.subplot(222)                       #定位在第 2 个子图位置
plt.plot(X,2*X,X,3*X,X,4*X,'y-')       #绘制直线函数曲线
plt.subplot(223)                       #定位在第 3 个子图位置
plt.plot(Y,np.random.rand(100),'g+')   #绘制随机数曲线

#自定义函数
def f(data):
    return np.sin(data)*np.exp(data)/1000
plt.subplot(224)                       #定位在第 4 个子图位置
plt.plot(X,f(X),'bo',Y,f(Y),'k')       #绘制自定义函数曲线

plt.show()                             #显示图表
```

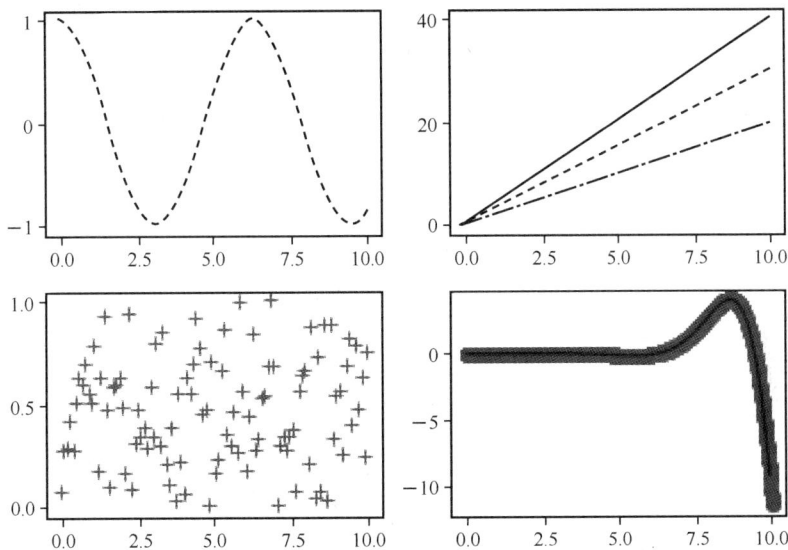

图 1.10　最终的图表效果

pandas 内嵌的绘图函数也是基于 Matplotlib 的。Series 和 DataFrame 都包含生成各类图表的 plot()方法，默认情况下，它们生成的是线型图。

DataFrame 的 plot()方法会在一个子图中为各列绘制一条线，并自动创建图例：将每个 Series 的索引传给 Matplotlib，分别用于绘制 x、y 轴。

与 pyplot 提供的多种类型图表类似，pandas 也可以绘制很多类型的图表，不同之处在于，pandas 是通过 plot()方法中的 kind 参数来设置图表类型的。Series 自带的绘制图表函数如下。

Series.plot(kind='line', ax=None, figsize=None, use_index=True, title=None, grid=None, legend=False, style=None, logx=False, logy=False, loglog=False, xticks=None, yticks=None, xlim=None, ylim=None, rot=None, fontsize=None, colormap=None, table=False, yerr=None, xerr=None, label=None, secondary_y=False,**kwds)

主要参数说明如下。

● kind：字符串数据类型，用于设置绘制的图表类型，默认值为'line'（线型图），常见图表类型如表 1.6 所示。

● figsize：元组数据类型，用于控制图形的宽度和高度。

● title：图表标题。

● style：如果 kind 为'line'，该参数可以控制折线图的线条类型。

● fontsize：整数，用于控制 x 轴与 y 轴刻度值的字体大小。

● **kwds：可以根据需要为图表添加更多组参数。

表 1.6   kind 值与对应的图表类型

值	图表类型
line	默认值，线型图
bar	垂直条形图
barh	水平条形图
hist	直方图
box	箱形图
scatter	散点图
pie	饼图

【例 1.9】使用 Series 数据绘制图 1.11 所示的图表。

使用随机函数 randn()创建两个标准正态分布的 Series 数组，每个数组都由 1000 个随机数组成，再使用 cumsum()函数计算出两个 Series 数组的累加值，分别记为 s1 和 s2。在第一个子图中，使用折线图绘制 s1 和 s2 两个累加值数组，横轴为序号。在第二个子图中，使用条形图绘制 s1 的前 10 个数据，横轴为序号。

代码如下：

```python
import pandas as pd
import numpy as np
from pandas import Series, DataFrame
import matplotlib.pyplot as plt

# 用cumsum()函数累加数据
s1 = Series(np.random.randn(1000)).cumsum()
s2 = Series(np.random.randn(1000)).cumsum()

plt.subplot(211)    #第一个子图
# 用kind参数修改图表类型
ax1=s1.plot(kind='line',label='S1',title='Figures of Series', style='--')
# 绘制第二个Series
s2.plot(ax=ax1,kind='line',label='S2')
plt.ylabel('value')
plt.legend(loc=2)  #right left
```

```
plt.subplot(212)     #第二个子图
s1[0:10].plot(kind='bar',grid=True,label='S1')
plt.xlabel('index')
plt.ylabel('value')
```

运行结果如图 1.11 所示。

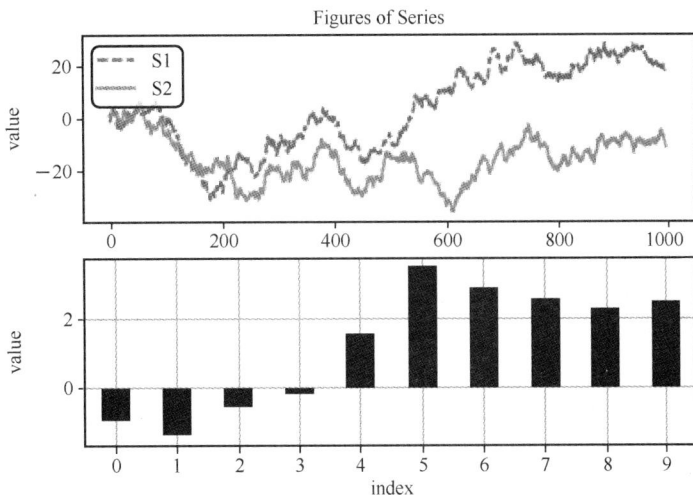

图 1.11　使用 Series 数据绘制图表

大部分处理数据及显示数据的场合都离不开 NumPy、pandas 和 Matplotlib。此外，还有一些其他模块，它们共同构成了数据分析的基础模块。

1.4.4　机器学习模块——scikit-learn

scikit-learn 的简称是 sklearn，是一个专门的 Python 机器学习模块。sklearn 提供了一套简单、高效的数据分析算法工具，大都建立在 NumPy、SciPy 和 Matplotlib 的基础之上。sklearn 包含许多目前常见的机器学习算法，例如分类、回归、聚类、数据降维、数据预处理等算法，每个算法都有详细的说明文档。

图 1.12 显示了面向一个机器学习问题，如何正确选择 sklearn 中的算法。

图 1.12 所示的算法选择路径作为 sklearn 使用向导，展示了对于各类不同的问题，应分别采用哪种算法进行解决，不仅有清晰的描述，还考虑了不同数据量的情况。

sklearn 具有通用的学习模式，即对不同算法、学习模式的调用具有较为统一的模式。

对于大多数机器学习，一般有 4 个数据集。

● train_data：训练集。

● train_target：训练集所对应的真实结果。

● test_data：测试集。

● test_target：测试集所对应的真实结果，用来检测预测的正确性。

各算法解决问题时，也大都有两个共同的核心函数：训练函数 fit() 和预测函数 predict()。下面根据模型算法的一般步骤对 sklearn 进行介绍。

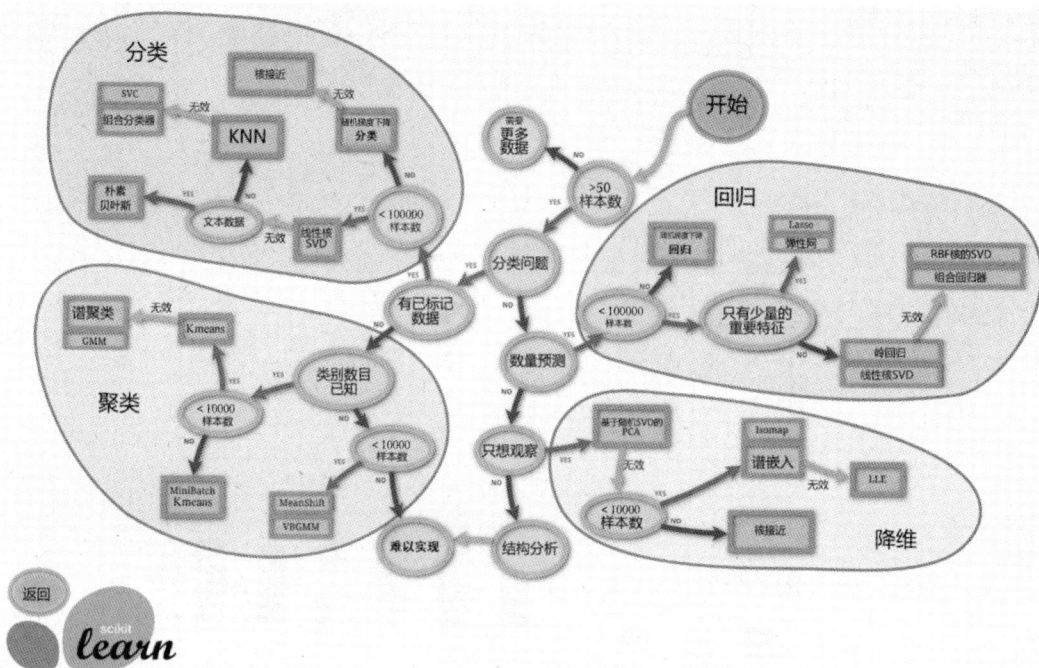

图 1.12　sklearn 算法选择路径

1. 获取数据，创建数据集

sklearn 提供了一个强大的数据库，包含很多经典数据集，可以直接使用。编写程序时，可以通过包含 sklearn 的 datasets 使用这个数据库。

例如，使用比较经典的鸢尾花数据集，调用如下：

```
from sklearn.datasets import load_iris
data = load_iris()
```

或者

```
from sklearn import datasets
boston = datasets. load_iris()
```

鸢尾花数据集是常用的分类实验数据集，由费希尔（Fisher）在 1936 年收集并整理。该数据集包含 150 条数据，分为 3 类，每类 50 条数据。每条数据包含 4 个属性，即花萼长度、花萼宽度、花瓣长度和花瓣宽度。如图 1.13 所示，该数据集中的鸢尾花包括山鸢尾（Setosa）、杂色鸢尾（Versicolor）、弗吉尼亚鸢尾（Virginica）3 个种类。

（a）山鸢尾　　　　（b）杂色鸢尾　　　　（c）弗吉尼亚鸢尾

图 1.13　鸢尾花种类

打开素材中的 iris.csv 文件，可以看到 150 条鸢尾花的测量数据。下面我们先使用 Matplotlib 对数据进行初步了解。

【例 1.10】查看鸢尾花数据集。

说明：打开鸢尾花数据集读取数据，并使用花瓣长度和花萼长度两个特征绘制散点图。

代码如下：

```
import pandas as pd
import matplotlib.pyplot as plt
import numpy as np
df = pd.read_csv('iris.csv', header=None)    #加载鸢尾花数据集，转换为 DataFrame 对象
X = df.iloc[:, [0, 2]].values                #取出花瓣长度、花萼长度两列特征
#前 50 个样本（山鸢尾类别）
plt rcParams["font.family"]="SimHei"         #设置字体
plt.scatter(X[:50, 0], X[:50, 1],color='red', marker='o', label='山鸢尾')
#中间 50 个样本（杂色鸢尾类别）
plt.scatter(X[50:100, 0], X[50:100, 1],color='blue', marker='x', label='杂色鸢尾')
# 后 50 个样本（弗吉尼亚鸢尾类别）
plt.scatter(X[100:, 0], X[100:, 1],color='green', marker='+', label='弗吉尼亚鸢尾')
plt.xlabel('花瓣长度/cm')
plt.ylabel('花萼长度/cm')
#图例位于左上角
plt.legend(loc=2)
plt.show()
```

绘制的散点图如图 1.14 所示。

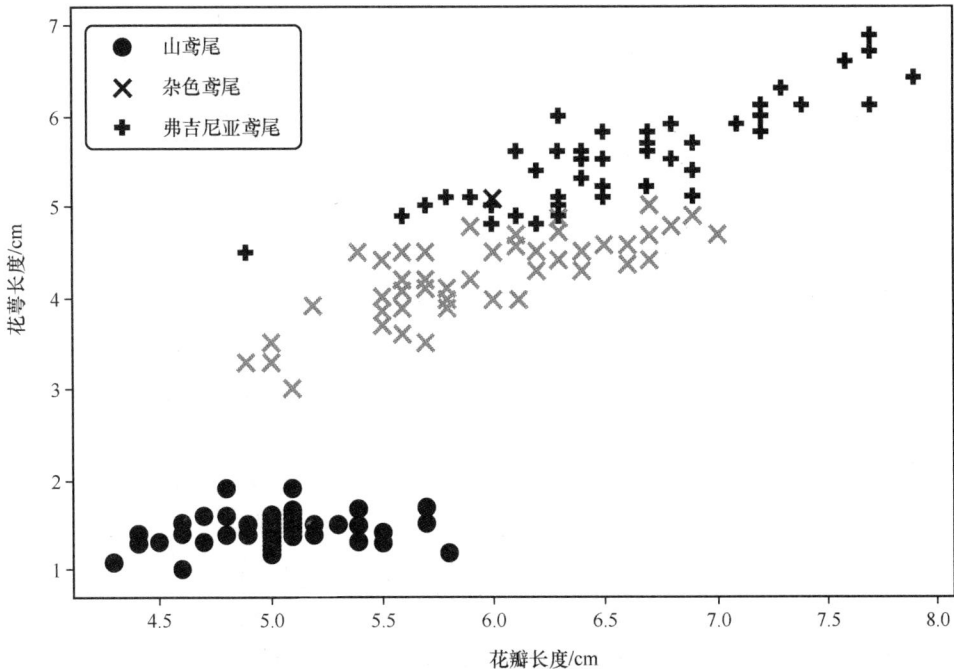

图 1.14 绘制的散点图

从图 1.14 中能够判断出，使用两个特征就有可能预测出鸢尾花属于 3 类中的哪一类。当然，除了使用 sklearn 自带的数据集，还可以自己去搜集数据集、创建训练样本。

2．数据预处理

数据预处理阶段是机器学习中不可缺少的一环，它会使数据更加有效地被模型或者评估器识别。

3．数据集拆分

在处理过程中，可以把数据集进一步拆分成训练集和验证集，这样有助于模型参数的选取。

4．定义模型

通过分析数据的类型，进一步确定要选择什么类型的模型，并在 sklearn 中定义模型。

5．模型评估与选择

在选择算法时，有时会面临"哪个算法更好"的问题。事实上，算法的效果不能脱离实际问题。模型的性能不仅与算法、数据有关，也要看需要解决的具体问题类型。对模型的评价有很多方法，常用的指标有准确率、错误率、精确率、召回率和均方误差等。

不同的测量方法会产生不同的结果。另外，每个算法都有自己的特点，有与之相匹配的应用场景。在某些问题上表现好的算法，在另一个问题上可能表现地不尽如人意。因此还需要进行模型选择。

模型选择包含两层含义，一层含义是指机器学习的算法众多，对同一个问题，可以从多种算法中进行选择；另一层含义是对同一个算法来说，设置不同的参数后，算法效果可能发生很大变化，甚至变成不同的模型。

在解决具体问题时，可以根据模型功能进行模型选择；也可以根据数据特征、问题目标等进行模型选择。

例如，可以选择 sklearn 中的分类模型 KNeighborsClassifier 来处理鸢尾花数据集的分类问题。

本节介绍了使用 sklearn 的基本流程，更详细的使用方法请阅读专门的 sklearn 参考书。

1.5 常见人工智能开发框架

现阶段，人工智能领域有很多基础算法已经较为成熟，各大公司、研究机构开始搭建大型的算法模型，并将其封装为产品框架供开发人员使用。对于软件工程来说，框架的提供有利于算法在工程上的应用，极大地方便了软件项目开发。

人工智能开发框架在模块建设及功能调用方面提供了便捷的接口，例如统一的格式、调用方式。目前，主流的人工智能开发框架大都基于深度学习，这类框架能够实现对大量数据的处理、训练，通常部署在服务器或图形处理单元（Graphics Processing Unit，GPU）服务集群上，具有良好的稳定性及并行计算优化能力。

常见的人工智能开发框架包括以下几种。

1. TensorFlow

TensorFlow 是人工智能领域最常用的框架之一，其以功能全面、兼容性好和生态完备著称。该框架主要由谷歌大脑（Google Brain）团队支撑，是一个使用数据流图进行数值计算的开源框架。该框架允许在任何中央处理器（Central Processing Unit，CPU）或 GPU 上进行计算，无论是台式计算机、服务器还是移动设备都支持。该框架使用 C++和 Python 作为编程语言，简单易学。其社区已经成为深度学习开源软件框架最大的活跃社区。

2. 微软 CNTK

微软 CNTK（Microsoft Cognitive Toolkit）是由微软公司于 2016 年开发的一款开源的深度学习框架，因在智能语音语义领域具有良好性能而著名。该框架具有速度快、可扩展性强、商业级高质量以及对 C++和 Python 兼容性好等优点，支持各种神经网络模型、异构及分布式计算，依托微软的产品生态，在语音识别、机器翻译、类别分析、图像识别、图像字幕、文本处理、语言理解和语言建模等领域拥有良好应用。

3. Caffe

Caffe 是一个强大的深度学习框架，因在图像处理领域的深耕和易用性强而著名。该框架是由 Meta（原 Facebook）公司主导的，目前其已经合并到 PyTorch 统一维护。在图像处理领域，Caffe 有着深厚的生态积累，与 PyTorch 结合后，Caffe 成为一个易用性很强的框架，越来越受到数据科学家的喜爱。借助 Caffe，可以非常轻松地构建用于图像分类的卷积神经网络（Convolutional Neural Network，CNN）。

4. Keras

Keras 是一个用 Python 编写的开源神经网络库。Keras 的主要开发者是谷歌工程师弗朗索瓦·乔莱特（François Chollet），此外，其 GitHub 项目页面包含 6 名主要维护者和超过 800 名直接贡献者。Keras 可以作为 TensorFlow、微软 CNTK 等框架的高阶应用程序接口，进行深度学习模型的设计、调试、评估、应用等。

在硬件和开发环境方面，Keras 支持多操作系统下的多 GPU 并行计算。与 TensorFlow、微软 CNTK 不同，Keras 能够为深度学习模型提供高层次的接口，让神经网络的配置变得简单。

TensorFlow 2.0 之后的版本都包含 Keras 模块。Keras 使 TensorFlow 更易于使用，且不牺牲灵活性和性能。

5．Torch 和 PyTorch

Torch 是一个用于科学计算和数值计算的开源机器学习模块，主要采用 C 语言作为编程语言，通过提供大量的算法，提高了学习、研究的效率。它有一个强大的 n 维数组，有助于切片和索引之类的操作。除此之外，它还提供了线性代数程序和神经网络模型。

2017 年 1 月，Facebook 人工智能研究院（Facebook AI Research，FAIR）基于 Torch 推出了 PyTorch。PyTorch 是一个开源的 Python 机器学习模块，用于自然语言处理等。

PyTorch 具有两个特点：具有强大的 GPU 加速的张量计算能力；包含自动求导系统的深度神经网络。

PyTorch 既可以看作加入了 GPU 支持的 NumPy，也可以看作一个拥有自动求导功能的强大的深度神经网络。除了 Meta 公司外，PyTorch 已经被 Twitter、CMU 和 Salesforce 等公司或机构采用。

6．PaddlePaddle

PaddlePaddle 是百度公司旗下的深度学习开源平台，是我国自主开发的框架代表，因易用性强和支持工业级应用而著名。其最大的特点就是易用性强，这得益于其对算法的封装，对于现成算法（如卷积神经网络、残差神经网络、长短期记忆网络等）的使用，可以直接执行命令替换数据进行训练，非常适合需要成熟、稳定的模型来处理新数据的情况。

7．OpenVINO

OpenVINO 是英特尔（Intel）公司在 Intel 系列 CPU 或者嵌入式计算机上部署的深度学习模型。其针对 Intel 的多代 CPU 以及其他硬件平台做了针对性的优化。它使开发人员能够更简单地开始创新，利用更简洁的应用程序接口和更丰富的集成进行构建，利用更广泛的模型和硬件支持进行优化，利用可移植性和性能进行部署。

OpenVINO 的功能包括模拟人类视觉、自动语音识别、自然语言处理等。

除了以上常见的框架，还存在多种框架，这些框架在人工智能项目开发中发挥了重要作用。虽然世界各国的主要人工智能团队均推出了人工智能开发框架，但这些框架大都基于自身技术体系，目前人工智能开发框架尚未有统一的开发标准，产业生态尚未形成。

未来，人工智能开发框架的重中之重是通过使用者和贡献者之间的良好互动和规模化效应，形成成熟的标准体系和产业生态。

1.6 课后习题

1．单项选择题

（1）下列关于人工智能的叙述，错误的是（　　　　）。

A. 人工智能技术很新，很少与其他科学技术结合

B. "人工智能+"是科学技术发展趋势之一

C. 人工智能技术与其他科学技术相结合，极大地提高了应用技术的智能化水平

D. 人工智能有力地促进了社会的发展

（2）2016年3月，AlphaGo战胜韩国棋手李世石，2017年3月又战胜我国棋手柯洁。AlphaGo使用的人工智能技术是（　　　）。

A. 逻辑推理　　　　　　　　　　B. 专家系统

C. 机器人学　　　　　　　　　　D. 深度学习

（3）人工智能的目的是让机器能够（　　　）。

A. 从事辛苦的体力劳动

B. 从事危险的工作

C. 从事高智力要求的技术工作

D. 模拟、延伸和扩展人的智能

（4）人工智能诞生的标志性事件是（　　　）。

A. 1950年的图灵测试

B. 1955年的逻辑专家

C. 1956年的达特茅斯会议

D. 1957年感知机的研制

（5）下列关于pandas特点的描述，正确的是（　　　）。

A. 智能数据对齐和缺失数据的集成处理

B. 基于标签的切片、精确索引

C. 按数据分组聚合和转换

D. 以上都正确

（6）下列属于NumPy特点的是（　　　）。

A. 提供快速、高效的多维数组对象ndarray

B. 具有快速的多维数组运算能力

C. 提供线性代数、随机数生成以及傅里叶变换等功能

D. 以上都正确

（7）下列关于ndarray对象的描述，正确的是（　　　）。

A. ndarray对象中可以存储不同类型的元素

B. ndarray对象中存储元素的类型必须是相同的

C. ndarray对象不支持小数操作

D. ndarray对象不具备多维数组运算能力

（8）下列选项中，可以一次性创建多个子图的函数是（　　　）。

A. figure( )　　　　　　　　　　B. subplot( )

C. add_subplot( )　　　　　　　　D. subplots( )

（9）下列不属于人工智能研究领域的是（　　　）。

A. 模式识别
B. 机器学习
C. 深度学习
D. 编译原理

（10）要开发一个智能门禁系统，可以使用的技术是（　　）。

A. 人脸识别
B. 声音识别
C. 指纹识别
D. 以上都正确

（11）人工智能学派不包括（　　）。

A. 符号主义学派
B. 连接主义学派
C. 行为主义学派
D. 模仿主义学派

2．填空题

（1）智能是人类所具有的_____和智力的总和。

（2）_____就是用人工的方法在计算机上实现的智能。

（3）只在狭窄领域中发挥作用，不具备全面、复杂认知的人工智能称为_____。

（4）_____是人工智能的重要研究领域，主要研究如何使计算机通过学习自动获取知识。

（5）主张用数理逻辑方法建立人工智能理论，从而模拟人类认知系统功能，以赫伯特·西蒙、艾伦·纽厄尔为代表的学派是_____学派。

3．编程题

（1）完成以下程序，使输出结果为数组的第一个数据 4。

程序：

```
import pandas as pd
df_obj = pd.DataFrame( [[4,-1,-3,0],[2,6,-1,-7],[8,6,-5,1]] )
print(_____)
```

（2）完成以下程序，使输出结果为数组前两行的前两列。

程序：

```
import pandas as pd
df_obj = pd.DataFrame( [[4,-1,-3,0],[2,6,-1,-7],[8,6,-5,1]] )
print(df_obj._____)
```

（3）下面的程序用于绘制一个包含两个图形的图表，上面图形的函数为 $y = \tan(x)$，下面图形的函数为 $y = x^3 - 70x$，程序运行结果如图 1.15 所示。请将下面的程序补充完整。

```
import numpy as np
import matplotlib.pyplot as plt
fig,axes=plt.subplots(2,1)
#绘制 y = tan(x) 曲线
plt.subplot(2,1,1)
x = np.linspace(-10,10,100)    #列举出 100 个数据点
y = _____①_____            #绘制曲线
plt.plot(x,y,marker="o")
```

```
#绘制 y = x³ - 70x 曲线
plt.subplot(2,1,2)
a = np.arange(10)
plt.plot(x,    ②      )          #绘制曲线
```

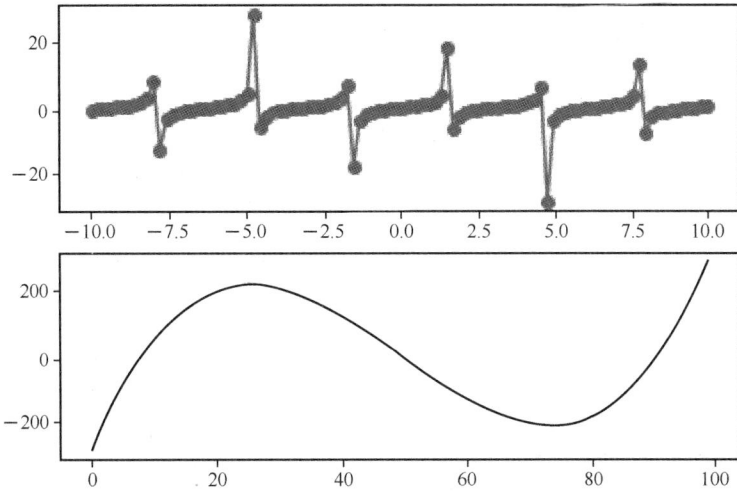

图 1.15   程序运行结果

第2章 机器学习概述

本章概要

以人工智能为代表的新一代信息技术的加速运用，能够开拓新机遇，提供在经济领域催生一系列新产业、新业态、新模式的新契机。

人工智能的目的就是让机器模拟人类的思维，让机器具有类似人类的智能。那么，如何才能实现人工智能？现阶段机器学习是人工智能的核心。让机器通过学习数据，从数据中积累经验，逐渐形成认知，这就是机器学习。

机器学习作为人工智能的重要分支，主要研究使用机器模拟人类的学习能力，并使机器具有决策能力等。如今随着科技的进步，机器也可以通过传感器进行数据的收集，并对这些数据进行处理，从中提取出有价值的结果。通常，机器学习通过设计算法、编制程序，让机器从海量的数据中寻找、探究出数据内在的规律，完成学习与自我更新。

机器学习是实现人工智能的一种方案。本章主要介绍机器学习的起源和发展、机器学习的分类、机器学习的一般步骤、机器学习模型评估等。

学习目标

完成对本章的学习后，要求达到以下目标：

（1）了解机器学习的起源和发展；

（2）熟悉机器学习专业术语；

（3）了解机器学习的分类；

（4）掌握机器学习数据预处理方法；

（5）掌握机器学习模型评估方法。

2.1 机器学习的起源和发展

学习是人类作为智能生物所具备的一种重要能力。在实际生活中，人类通过感官系统捕捉到环境中存在的文字、图片、声音等数据，各种形式的数据由大脑进行处理，转换为有用的信息，进而指导人类的行为。

通常认为学习是通过阅读、听讲、思考、研究、实践等途径获得知识或技能的过程。从这个定义可以看出，学习的目的是改善现有的系统状态。那么，如何定义机器学习？机器学习是研究如何使用机器来模拟人类的学习行为，以获取新的知识或技能，并重新组织已有的知识结构不断改善自身性能的技术。在机器学习中，机器通过对大量数据的统计分析来获取数据中的有用信息，从而完成自身系统的迭代和更新。

机器学习能够利用数据和经验优化智能系统性能，其起源可追溯到17世纪的最小二乘法、马尔可夫链，但是其真正发展是从20世纪50年代以来，人工智能的符号演算、逻辑推理、专家系统以及神经网络的BP算法等技术的提出开始的。虽然这些技术在当时并没有被冠以机器学习之名，但时至今日，它们依然是机器学习的理论基石。

1950年，英国数学家、逻辑学家艾伦·图灵（Alan Turing）创造了图灵测试来判定计算机是否具有智能，如图2.1所示。图灵测试认为，如果一台机器能够与人类展开对话（通过电传设备）而不能被辨别出其机器身份，那么称这台机器具有智能。这一简化使得图灵能够令人信服地说明"思考的机器"是可能的。图灵提出的图灵机模型为现代计算机的逻辑工作方式奠定了基础。

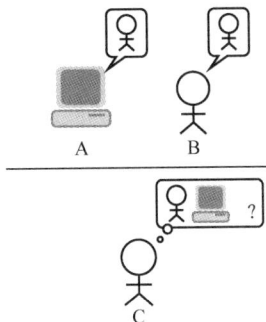

图 2.1　图灵测试

1952年，IBM公司的科学家亚瑟·塞缪尔开发了一个具有自学习能力的跳棋程序，随后提出了"机器学习"这一术语。

在1956年的达特茅斯会议中，计算机科学家约翰·麦卡锡提出了"人工智能"一词，人工智能正式踏上历史舞台。麦卡锡因此被誉为"人工智能之父"。

从20世纪60年代中期到20世纪70年代末，机器学习的发展几乎处于停滞状态，无论是理论研究还是计算机硬件研究，这使得整个人工智能领域的发展遇到了很大的瓶颈。

20世纪80年代使用神经网络的BP算法训练的多参数线性规划理念的提出将机器学习带入复兴时期。

20世纪90年代提出的决策树，再到后来的支持向量机算法，将机器学习从知识驱动转变为数据驱动。

21世纪初的深度学习，使得机器学习研究又从低迷进入蓬勃发展时期。

从2012年开始，随着计算机算力的提升和海量训练样本的支持，深度学习成为机器学习研究热点，并在产业界广泛应用。机器学习历经约70年的曲折发展，以深度学习为代表，借鉴人脑的多分层结构、神经元的连接交互信息的逐层分析处理机制，自适应、自学习的强大并行信息处理能力，在很多方面收获了突破性进展，其中具有代表性的是图像识别领域。

到目前为止，人工智能已出现许多研究分支，而机器学习只是其中的一个分支，深度学习则是从属于机器学习的一个研究分支。当前人工智能研究的各个分支包括专家系统、机器学习、进化计算、模糊逻辑、计算机视觉、自然语言处理、推荐系统等。

人工智能最终的目标，就是让机器模拟人类的思维模式；机器学习是实现人工智能的一种途径，它有很多模型可以选择；深度学习是机器学习的一个分支，它使用了一种更加智能和通用的模型，例如经典的卷积神经网络。图 2.2 展示了人工智能、机器学习和深度学习三者的关系。现阶段机器学习是人工智能的核心。

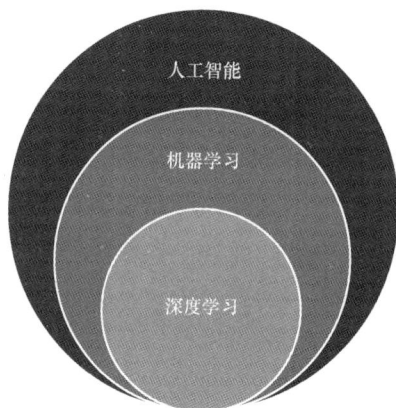

图 2.2　人工智能、机器学习和深度学习的关系

机器学习研究的方向有 3 个，具体如下。

（1）建立人类学习过程的认知模型。这一方向主要研究人类的学习机理，这种研究不仅对人类的教育有重要意义，还对开发机器学习系统有重要的意义。

（2）总结出通用学习算法。这一方向主要研究人类学习的过程，探索各种可能的学习方法，建立起独立于具体应用领域的通用学习算法。

（3）构造面向任务的专用学习系统（工程目标）。这一方向的研究目的是解决专门的实际问题，并开发用于解决这些问题的学习系统。

2.2　机器学习专业术语

在机器学习中，我们经常会遇到一些专业术语，下面就来了解一下。

1. 模型

"模型"一词在机器学习中经常提到，它是机器学习中的核心概念。进行学习前需要先搭建一个模型，这个模型包含很多参数，然后把准备好的数据（包括正确的结果）输入模型中，不断调整模型的参数，直到模型输出非常接近或者完全正确的结果，这时我们就说模型训练好了。整个学习的过程都将围绕模型展开，目标是训练出一个比较好的模型，使它可以尽量精准地输出预测结果。

2．数据集

数据集，从字面意思很容易理解，它表示一个承载数据的集合。数据集是机器学习的基础，俗话说"巧妇难为无米之炊"。在机器学习中，数据就是"米"，模型就是"巧妇"。没有充足、合适的数据，再好的模型也无法得到满意的结果。简单地说，如果缺少了数据集，那么模型就没有存在的意义了。数据集可划分为训练集、验证集和测试集，它们分别在机器学习的"训练阶段"和"预测输出阶段"起着重要的作用。

机器学习中常用到的鸢尾花数据集的一部分如表 2.1 所示。

表 2.1　部分鸢尾花数据集的特征

花萼长度/cm	花萼宽度/cm	花瓣长度/cm	花瓣宽度/cm	标　签
5.1	3.5	1.4	0.2	0（山鸢尾）
4.9	3.0	1.4	0.2	0（山鸢尾）
7	3.2	4.7	1.4	1（杂色鸢尾）
6.3	3.3	6	2.5	2（弗吉尼亚鸢尾）

可以看出，数据集的构成是"一行一样本，一列一特征"，每列的数据都与这一列的特征值相关。

3．样本和特征

样本指的是数据集中的一部分数据，一条数据被称为样本点（后文简称样本）或一条记录。通常情况下，样本会包含多个特征值，用来描述数据，比如鸢尾花数据集中的特征值用以描述每朵花的形状特征，如花萼长度、花萼宽度等。一条记录可以用坐标轴中的一个点表示，一个点也是一个向量，即每个鸢尾花样本为一个特征向量。

4．维数

机器学习中的维数可以理解为数据的特征，依据这些特征，能够对数据进行分类。当我们处理用于机器学习的数据时，通常有几十个、数百个甚至更多个维度。空间维度的定义是每个维度都与其他两个维度垂直或正交。我们将这个概念扩展到更高的维度。以鸢尾花数据集为例，输入有 4 个特征：花萼长度、花萼宽度、花瓣长度、花瓣宽度。由于这 4 个特征相互独立，所以它们可以看作是正交的。因此，当使用鸢尾花数据集解决问题时，即依据这 4 个特征对数据进行分类，鸢尾花数据集的维数是 4。

5．标签

在机器学习中，标签指一个实例的正确输出或类别。通常情况下，数据集包含两部分：特征和标签。其中，特征用于描述实例的属性，而标签用于训练和评估机器学习模型的正确输出。例如，在图像分类问题中，特征可能是像素值或特征描述符，标签则是图像的类别，如苹果、香梨等。

标签在机器学习中扮演着非常重要的角色，因为它是监督学习算法训练时用来指导算法学习正确映射关系的关键部分。不同的机器学习算法需要不同类型的标签。在分类问题中，标签通常是一个离散的类别变量，例如鸢尾花中的不同类别。在回归问题中，标签通常是一个连续的数值变量，例如房价或身高数值。

6. 训练

在机器学习中，训练的目标是最小化损失函数。训练的实质是参数优化的过程，通过不断调整模型参数，使得预测结果尽可能地接近正确结果。训练好的模型，可以用于新数据的预测。

7. 数据集的拆分

在进行实验时，一般需要将数据集分成独立的 3 个部分，即训练集、验证集和测试集。其中，训练集用来训练模型，验证集用来确定模型结构或者控制模型复杂程度的参数，而测试集用来检验最终的模型性能如何。典型的数据集拆分是训练集数据量占总样本的 60%，验证集和测试集各占 20%，3 个数据集中的数据都是从样本中随机抽取的。

8. 泛化能力

泛化能力是指机器学习算法对新样本的适应能力。机器学习是为了学到隐含在数据背后的规律，如果对具有同一规律的训练集以外的数据，经过训练的模型也能给出合适的输出，这种能力就是泛化能力。在机器学习中，泛化能力越强，模型在新数据上的预测能力就越好。相反，泛化能力弱的模型容易对新数据产生过拟合或欠拟合的情况。图 2.3 所示为对两类数据集的欠拟合和过拟合。

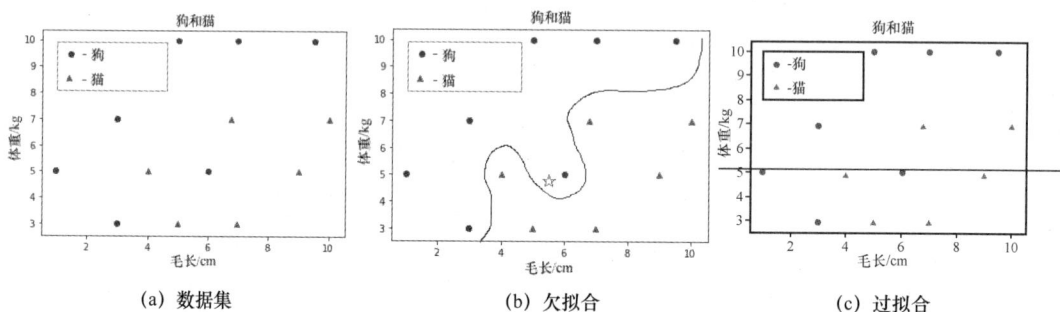

图 2.3　欠拟合和过拟合

无论是欠拟合还是过拟合，都代表模型的性能没有达到最优，需要对数据集或模型进行调整和优化。

2.3 机器学习的分类

人类学习过程中，通过对生活中经验的积累和归纳，总结出一般规律，然后利用这些规律对未知的事物做出预测。机器学习则是通过相关算法对给定的数据集（对应经验）进行训练（对应归纳）形成模型（对应一般规律），再利用该模型对新数据进行预测，因此机器学习主要包括训练和预测两个关键步骤。

机器学习大致可分为 4 类：监督学习、无监督学习、半监督学习和强化学习。接下来分别对这 4 类机器学习进行介绍。

2.3.1　监督学习

在监督学习中，每个样本包含一个输入对象（由特征值组成的特征向量）和一个输出值（也称为标签）。通过学习训练集中输入和输出之间的映射关系，得到一个函数，该函数能用于泛化新的样例。简单来说，监督学习的工作就是通过对有标签数据进行训练，构建一个模型，然后通过构建的模型，给新数据添加特定的标签。图 2.4 所示为两类不同水果。

图 2.4　两类不同水果

人类是怎么来识别这两类水果的？首先，我们的长辈或老师通过对大量实物及图片的讲解告诉我们，体形较小、较圆且为红色的水果为樱桃，体形偏大、偏长且为黄色的水果为香蕉。在接触大量同类水果的过程中，我们逐渐总结出该类水果的特征。这样，对于新出现的水果，就能够通过以往的经验，判断出这类水果所属的类别。例如，图 2.5 所示的是什么水果？当然，我们可以轻而易举地做出判断。这个轻而易举的判定便是我们反复学习、认知事物的结果。

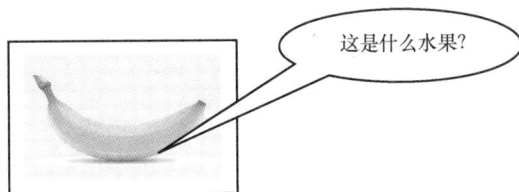

图 2.5　水果判别问题

那么，计算机怎么完成识别？对比人类的认知过程，计算机同样可以模仿上述过程，通过大量收集这两类水果的数据特征，做成表格，如表 2.2 所示。

表 2.2　水果特征数据

颜　色	长度/cm	宽度/cm	类　别
黄色	22.3	3.4	香蕉
黄色	18.4	3.8	香蕉
黄色	21.1	3.2	香蕉
红色	1.8	1.6	樱桃
红色	1.9	1.7	樱桃

通常，香蕉和樱桃都有各自的颜色、长宽范围等特征数据，标注好每个样本的特征值后，同时给出数据所属的类别，相当于告诉机器，该样本是什么。这一步等同于长辈或老师先告诉我们答案。然后将这些数据输入计算机，计算机通过建立模型、使用算法分析计算，进而推断出新样本所属的类别。例如，给定一个新样本的数据（"黄色",19,3.5），通过运算，预测出新样本的数据特征更接近香蕉，所以得出结论，该样本所属类别是香蕉。这样便成功地完成了一次分类预测。通过上述示例可以看到，在监督学习中，通过对大量数据的训练，让计算机学习得到不同"香蕉"所具有的普遍特征，这样，遇到新的"香蕉"时，计算机就更可能给出正确的答案。

监督学习任务的常见类型有分类和回归。

分类的目的是对未知数据的类别进行判断，预测结果是离散的。基于类别数目的不同，可以将分类分为二分类和多分类两种类别。二分类问题的典型案例有垃圾邮件分类、文本情感分类等。多分类问题的典型案例有鸢尾花分类、手写数字分类等。

回归是一种基本的预测方法，它主要是在分析自变量和因变量间相关关系的基础上建立变量之间的回归方程，并将回归方程作为预测模型用于预测，预测结果是连续的。回归的典型案例有房价走势预测、股票走势预测、身高预测等。

2.3.2 无监督学习

"物以类聚，人以群分"这句话可以看作在无监督学习环境下构建模型的过程：计算机一开始并不知道这些"类"和"群"中的各个元素的标签，经过归纳和总结，将具有共同特征的事物归为一类。以后遇到新的未知数据时，通过分析新数据的特征即可预测它属于哪类，从而完成新数据的分类。例如，对水果进行聚类的示意如图 2.6 所示。

图 2.6　对水果进行聚类的示意

在无监督学习中，计算机所学习的数据都是无标签的。计算机通过训练数据集的内在特征，自主地对这些数据进行分组。在无监督学习中，计算机接收一批训练数据，但不告诉计算机这批数据是什么，让计算机自己通过学习，构建出将这批数据分组的模型。至于计算机能学到什么，取决于数据自身所具备的特性。

无监督学习任务的常见类型有聚类任务和降维任务。

聚类是将相似对象聚合成一簇的过程。每一簇都由彼此之间相似并且与其他类的对象不相似的对象组成。聚类的目标是确定一组未标记数据的内在关系，对这些未标记的数据进行分组。聚类通常应用于数据挖掘和信息检索等领域。

降维主要用于处理样本的特征维度过高但本身稀疏的情况。在这种情况下，机器学习任务往往面临计算困难、计算精度大幅下降的问题。降维对数据的数学关系进行变换，将数据集从一个高维度空间映射到另一个低维度空间中，通过提升样本的密度来解决"维度灾难"问题。

2.3.3　半监督学习

对于半监督学习，在训练模型时使用了有标签数据和无标签数据，其中小部分是有标签数据，大部分是无标签数据。与监督学习相比，半监督学习的成本较低，但是仍能达到较高的准确度。通过综合利用有标签数据和无标签数据，可生成相应的模型。处理实际问题时，往往只有少量的有标签数据。在处理海量数据时，对所有训练数据进行标记的代价过高，因此无法采用传统的监督学习进行模型的训练。例如在互联网推荐功能中，如果采用监督学习，将会花费数月的时间对所有训练数据进行筛选和标记，学习成本实在太高。有标签数据的收集和标记需要消耗大量的人力和物力，而海量的无标签数据触手可及，因此，半监督学习将成为大数据时代的发展趋势。通常半监督学习可以理解为先在有监督的环境下初步构建好模型，然后进行无监督学习。

2.3.4　强化学习

强化学习又称再励学习、评价学习。当计算机使用强化学习时，通常会尝试从不同的行为及反馈中学习该行为是否能够得到更好的结果，然后将能得到好结果的行为记住。规范地说，就是计算机在多次迭代中自主地重新修正算法，直到能做出正确的判断为止。强化学习主要用于描述和解决计算机与环境的交互过程中通过学习策略以达成收益最大化或实现特定目标的问题。

强化学习类似学骑自行车的过程。刚开始学的时候会因为控制不好平衡而摔倒（负向反馈），这次操作和摔倒属于强化学习系统关注的响应点。因为反馈是负面的，所以需要进行调整。随着练习次数的增加，根据对负向反馈的比对不断优化骑自行车的行为，逐渐掌握平衡的窍门，减少摔倒的次数，最终实现平稳骑行。这个学习过程就可以看作强化学习。

强化学习目前主要应用于信息论、博弈论、自动控制等领域，常被用于解释有限理性条件下的平衡态，设计推荐系统和机器人交互系统。一些复杂的强化学习算法在一定程度上具备解决复杂问题的能力，可以帮助计算机在围棋或电子游戏中达到人类的操作水平。

2.4　数据集获取及预处理

2.4.1　sklearn 简介

sklearn 是 Python 中的机器学习库，它建立在 NumPy、SciPy、Matplotlib 等数据科学库的基础之上，几乎涵盖机器学习中的数据集加载、数据预处理、模型评估、特征选择、分类、回归、聚类、降维等所有环节，功能十分强大，具体可以参考 sklearn 官网。

sklearn 为初学者提供了一些经典数据集，通过这些数据集可快速搭建机器学习任务、对比模型性能。对于不同需求，常用数据集如下。

1．乳腺癌数据集

乳腺癌数据集的数据特征为连续数值变量，标签为 0 或 1，满足二分类任务需要。可以使用 load_breast_cancer() 函数来加载该数据集。

2．鸢尾花数据集

鸢尾花数据集的数据特征为连续数值变量，标签为 0、1、2，满足三分类任务需要。该数据集的 3 类样本数量均衡，均为 50 个。可以使用 load_iris() 函数来加载该数据集。

3．红酒数据集

与鸢尾花数据集的特点类似，红酒数据集也是用于连续数值特征的三分类数据集，不同之处在于各类样本数量轻微不均衡。可以使用 load_wine() 函数加载该数据集。

4．小型手写数字数据集

加载小型手写数字数据集时可以使用 load_digits() 函数。

【例 2.1】加载鸢尾花数据集，并显示前 5 行数据。

例 2.1

代码如下：

```
# 导入 sklearn 库中的 load_iris() 函数
from sklearn.datasets import load_iris
iris = load_iris()
print(iris.data[:5,:5])
print(iris.target[:5])
```

运行结果如下：

```
[[5.1 3.5 1.4 0.2]
 [4.9 3.  1.4 0.2]
 [4.7 3.2 1.3 0.2]
 [4.6 3.1 1.5 0.2]
 [5.  3.6 1.4 0.2]]
```

2.4.2　数据预处理

在实际应用中，初始数据一般是多数据源且格式多样的数据，这些数据的质量通常良莠不齐，或多或少存在问题，直接使用会造成低质量甚至是错误的分析结果。因此数据预处理是数据分析前的准备工作，也是数据分析中必不可少的一环。数据预处理主要通过一系列的方法来处理原始数据，抽取数据、调整数据的格式，从而得到一组准确、完整、简洁的高质量数据，保证该数据能更好地服务数据分析工作。数据预处理包括以下几方面内容。

1．数据归一化

同一数据集中，不同列的数据往往有着完全不同的含义，数值大小差异很大，可能会影响数据处理的最终结果。因此一般需要把每列数据都映射到[0,1]范围，即归一化。

【例2.2】加载鸢尾花数据集，并对前5条数据进行归一化。

代码如下：

```
# 导入库
from sklearn.datasets import load_iris
from sklearn.preprocessing import MinMaxScaler

# 导入数据集
iris = load_iris()
X = iris.data[:5, :5]

# 转换器实例化
minmax_scaler = MinMaxScaler()

# 数据归一化
iris_minmax = minmax_scaler.fit_transform(X)
print(iris_minmax)
```

运行结果如下：

```
[[1.         0.83333333  0.5      0. ]
 [0.6        0.          0.5      0. ]
 [0.2        0.33333333  0.       0. ]
 [0.         0.16666667  1.       0. ]
 [0.8        1.          0.5      0. ]]
```

2．数据标准化

数据标准化后得到以 0 为均值、1 为方差的正态分布数据，但由于它是一种中心化的方法，所以会对原始数据的分布结构产生影响。

【例2.3】加载鸢尾花数据集，并对前5条数据进行标准化。

代码如下：

```
# 导入库
from sklearn.datasets import load_iris
from sklearn.preprocessing import StandardScaler

# 导入数据集
iris=load_iris()
X = iris.data[:5, :5]

# 转换器实例化
standerd_scaler = StandardScaler()

# 数据标准化
iris_standerd = standerd_scaler.fit_transform(X)
```

```
print(iris_standerd)
```

运行结果如下：

```
[[ 1.29399328    0.95025527    0.            0.         ]
 [ 0.21566555   -1.2094158     0.            0.         ]
 [-0.86266219   -0.34554737   -1.58113883    0.         ]
 [-1.40182605   -0.77748158    1.58113883    0.         ]
 [ 0.75482941    1.38218948    0.            0.         ]]
```

3. 数据正则化

数据正则化是指将样本缩放到单位范数。在数据集之间各个指标有共同重要比例的关系时，正则化处理会有比较好的效果。

【例 2.4】加载鸢尾花数据集，并对前 5 条数据进行正则化。

代码如下：

```
# 导入库
from sklearn.datasets import load_iris
from sklearn.preprocessing import Normalizer

# 导入数据集
iris = load_iris()
X = iris.data[:5, :5]

# 转换器实例化
normalizer_scaler = Normalizer()

# 数据正则化
iris_normalizer = normalizer_scaler.fit_transform(X)
print(iris_normalizer)
```

运行结果如下：

```
[[0.80377277 0.55160877    0.22064351    0.0315205 ]
 [0.82813287 0.50702013    0.23660939    0.03380134]
 [0.80533308 0.54831188    0.2227517     0.03426949]
 [0.80003025 0.53915082    0.26087943    0.03478392]
 [0.790965   0.5694948     0.2214702     0.0316386 ]]
```

4. 数据标签二值化

数据标签二值化是将数字特征（也可称为分类器特征）转换为二进制格式，从而增强特征的表达能力，同时也方便开发人员对特征进行更好的表达和处理。

【例 2.5】完成数据标签二值化处理。

代码如下：

```
# 导入库
from sklearn import preprocessing
# 设置数据集
```

```
label = ['Yes', 'No', 'Yes', 'No', 'No']
# 转换器实例化
lb = preprocessing.LabelBinarizer()
# 数据标签二值化
label_bin = lb.fit_transform(label)
print(label_bin)
```

运行结果如下：

```
[[1]
 [0]
 [1]
 [0]
 [0]]
```

2.5 机器学习模型评估指标

模型评估作为机器学习领域不可分割的一部分，至关重要。只有选择与问题相匹配的评估方法，才能快速、有效地发现模型选择或训练过程中出现的问题，进而及时调整模型结构和参数，迭代地对模型进行优化。针对分类、回归等不同类型的机器学习问题，评估指标的选择往往也有所不同，了解每种评估指标的精确定义，有针对性地选择合适的评估指标，根据评估指标的反馈进行模型调整，都是机器学习中不可忽视的环节。

分类模型常用的评估指标有混淆矩阵、准确率、精确率、召回率、F1 分数等，回归模型常用的评估指标有平均绝对误差、均方误差、均方根误差等。

2.5.1 分类模型评估指标

1. 混淆矩阵

在分类问题中，可以把分类结果显示在一个混淆矩阵里。混淆矩阵是一个 n 行 n 列的矩阵。混淆矩阵的每一列代表预测类别，每一列的总数表示预测为该类别的数据的数目；每一行代表数据的真实类别，每一行的总数表示该类别的数据实例的数目。

考虑一个二分类问题，模型中，实际样本分为正（Positive）、负（Negative）两类。模型预测正确为真（True），预测错误为假（False）。用混淆矩阵表示模型对于实际正、负两类事物的预测结果，如表 2.3 所示。

表 2.3　二分类预测结果

真实值	预测值	
	Positive	Negative
Positive	TP	FN
Negative	FP	TN

具体含义如下。

TP（True Positive）：真正类，样本的真实类别是正类，模型预测的结果是正类。

TN（True Negative）：真负类，样本的真实类别是负类，模型预测的结果是负类。

FP（False Positive）：假正类，样本的真实类别是负类，模型预测的结果是正类。

FN（False Negative）：假负类，样本的真实类别是正类，模型预测的结果是负类。

通过混淆矩阵，可以很方便地计算出分类模型常用的评估指标。

2．准确率

准确率（Accuracy）是分类问题中十分常用的评估指标，准确率的定义是预测正确的样本数占总样本数的比例，其计算公式为：

$$ACC = \frac{TP + TN}{TP + TN + FP + FN}$$

3．精确率

精确率（Precision）又叫查准率，精确率的定义是在所有被预测为正的样本中实际为正样本的比例，其计算公式为：

$$P = \frac{TP}{TP + FP}$$

4．召回率

召回率（Recall）又叫查全率，召回率的定义是在实际为正的样本中被预测为正样本的比例，其计算公式为：

$$R = \frac{TP}{TP + FN}$$

5．F1 分数

对于一个分类任务而言，准确率是基本的评估指标，即正确分类所占的百分比，然而这个基本的评估指标往往不能很好地反映模型性能，可能做出较差的判断。精确率和召回率则是矛盾的一对结果，一方增加必定导致另一方减少。在评估模型时，我们应该同时关注精确率和召回率，不能只为了提高某一个指标而忽略了其他指标。F1 分数（F1 Score）是一个综合精确率和召回率的评估指标，能够同时反映模型的精确率和召回率。当模型的精确率和召回率冲突时，可以采用该指标来综合衡量模型优劣。F1 分数的计算公式为：

$$F1 = \frac{2 \times P \times R}{P + R}$$

下面通过一个简单的例子来理解分类模型的各个评估指标的计算过程。

【例 2.6】分类问题评估指标的计算。

分类结果如表 2.4 所示。

例 2.6

表 2.4　分类结果

真实值	A	A	A	A	A	B	B	B	B	B
预测值	A	A	A	A	B	A	B	B	A	B

其中，A 代表垃圾邮件，B 代表非垃圾邮件。由定义可知，本例中 TP=4，TN=3，FP=2，FN=1，通过前文公式，可以计算出相关评估指标。

代码如下：

```
from sklearn import metrics
from sklearn.preprocessing import LabelBinarizer

lb = LabelBinarizer()
y_true = ['A', 'A', 'A', 'A', 'A', 'B', 'B', 'B', 'B', 'B']
y_pred = ['A', 'A', 'A', 'A', 'B', 'A', 'B', 'B', 'A', 'B']
#计算混淆矩阵
print('Confusion Matrix：')
print(metrics.confusion_matrix(y_true, y_pred, labels=['A', 'B']))
#利用 LabelBinarizer 对象将数据标签二值化，再分别计算精确率、召回率、F1 分数和准确率
y_true_binarized = lb.fit_transform(y_true)
y_pred_binarized = lb.fit_transform(y_pred)
print('精确率：%s' % metrics.precision_score(y_true_binarized, y_pred_binarized,
pos_label=0))
print('召回率：%s' % metrics.recall_score(y_true_binarized, y_pred_binarized,pos_
label=0))
print('F1 分数：%s' % metrics.f1_score(y_true_binarized, y_pred_binarized,pos_label=0))
print('准确率：%s' % metrics.accuracy_score(y_true_binarized, y_pred_binarized))
#利用 classification_report() 函数实现对精确率、召回率、F1 分数和准确率的计算
print('Classification Report：')
print(metrics.classification_report(y_true, y_pred))
```

运行结果如下：

```
Confusion Matrix：
[[4 1]
 [2 3]]
精确率：0.6666666666666666
召回率：0.8
F1 分数：0.7272727272727272
准确率：0.7
Classification Report：
             precision    recall  f1-score   support

          A       0.67      0.80      0.73         5
          B       0.75      0.60      0.67         5

   accuracy                           0.70        10
  macro avg       0.71      0.70      0.70        10
weighted avg      0.71      0.70      0.70        10
```

2.5.2　回归模型评估指标

平均绝对误差（MAE）：对于回归模型性能的评估，最直观的思路是利用模型的预测值与真实值的差值来衡量，误差越小，模型的拟合程度就越好。其计算公式为：

$$MAE = \frac{1}{n}\sum_{i=1}^{n}|y_i - \hat{y}_i|$$

其中，n 为样本的个数，y_i 为第 i 个样本的真实值，$\hat{y}_i$ 为第 i 个样本的预测值。

均方误差（MSE）：一种常用的回归损失函数，计算方法是求误差的平方和。MSE 越小，说明模型的精确率越高。其计算公式为：

$$MSE = \frac{1}{n}\sum_{i=1}^{n}\left(y_i - \hat{y}_i\right)^2$$

由这两个指标的计算公式可知，MSE 比 MAE 对异常值更敏感。

均方根误差（RMSE）：对 MSE 进行开平方运算。

决定系数 R^2：由 MAE 和 MSE 的计算公式可知，随着样本数量的增加，这两个指标也会随之增大，而且针对不同量纲的数据集，其计算结果也有差异，所以很难直接用这些评估指标来衡量模型的优劣。决定系数 R^2 可以用来评估模型的预测能力，其计算公式为：

$$R^2 = 1 - \sum_{i=1}^{n}\frac{(y_i - \hat{y}_i)^2}{(y_i - \overline{y})^2}$$

$$\overline{y} = \frac{1}{n}\sum_{i=1}^{n}y_i$$

其中，$\overline{y}$ 表示真实值的均值，R^2 的取值范围一般是 0～1，越接近 1，回归模型的拟合程度就越好。

下面通过一个简单的例子来理解回归模型评估指标的计算过程。

【例 2.7】回归模型评估指标的计算。

在一个算法实验中，真实值和预测值的对比数据如表 2.5 所示，请判断算法的性能。

表 2.5　真实值和预测值的对比数据

真实值	1	2	4
预测值	1	3	4

代码如下：

```
from sklearn import metrics
y_true = [1, 2, 4]
y_pred = [1, 3, 4]
# 计算 MAE
print('MAE: ')
print('y_pred MAE: %s' % metrics.mean_absolute_error(y_true, y_pred))
# 计算 MSE
print('MSE: ')
```

```
print('y_pred MSE: %s' % metrics.mean_squared_error(y_true, y_pred))
# 计算决定系数
print('R2: ')
print('y_pred R2: %s' % metrics.r2_score(y_true, y_pred))
```

运行结果如下:

```
MAE:
y_pred MAE: 0.3333333333333333
MSE:
y_pred MSE: 0.3333333333333333
R2:
y_pred R2: 0.7857142857142857
```

2.6 课后习题

1. 单项选择题

（1）通常机器学习的数据集不包括（   ）。

A. 测试集   B. 训练集

C. 验证集   D. 校正集

（2）对于机器学习中的回归问题，通常用来作为模型性能评估指标的是（   ）。

A. 均方误差   B. 准确率

C. 错误率   D. 模型训练时间

（3）训练集、验证集和测试集在使用过程中的顺序是（   ）。

A. 测试集、训练集、验证集

B. 训练集、测试集、验证集

C. 验证集、训练集、测试集

D. 训练集、验证集、测试集

（4）机器学习算法对新样本的适应能力指的是（   ）。

A. 模型测试   B. 泛化能力

C. 过拟合   D. 模型训练

（5）强化学习（   ）。

A. 也称为有教师学习   B. 需要经验数据

C. 数据是成对的   D. 不需要预先知道目标

2. 编程题

（1）创建由 10×10 的随机矩阵组成的 DataFrame 对象，行索引和列索引都为 1～10，元素取值范围为 1～100，对数据进行归一化和正则化。

（2）给定预测数据集和真实数据集，如下，计算回归模型性能评估指标：平均绝对误差、均方误差、决定系数。

```
true = [0,1,2,3,4,5,6,7,8,9]
pred = [0,2,2,3,5,5,5,7,9,8]
```

第**3**章 KNN 分类算法

本章概要

分类是数据分析中非常重要的方法，典型案例有垃圾邮件分类、文本情感分类等。对已有数据进行学习，可得到一个分类函数或构造出一个分类模型，分类模型能够把数据对应到某一个给定的类别，完成数据的类别预测。

KNN 分类算法是一个理论上比较成熟的算法，也是最简单的机器学习算法之一。

本章主要介绍 KNN 分类算法的原理及核心要素，并结合实例完成 KNN 分类算法的实现。

学习目标

完成对本章的学习后，要求达到以下目标：

（1）了解 KNN 分类算法的基本原理；

（2）熟悉 KNN 分类算法的核心要素；

（3）熟悉距离的度量方法；

（4）掌握 KNN 分类算法流程；

（5）掌握使用 KNN 分类算法解决实际分类问题的方法。

3.1 KNN 分类算法基本原理

俗话说，物以类聚，人以群分。判别一个人的喜好，常常可以从他/她身边的朋友入手，所谓观其友，而识其人。如果周围的朋友都是音乐爱好者，那他/她就有可能也是音乐爱好者。如果周围的朋友都喜欢看韩剧，那他/她就极有可能也是韩剧的"铁粉"。

1967 年，K 近邻（K-Nearest Neighbor，KNN）分类算法出现，使计算机可以进行简单的模式识别。KNN 分类算法是概念简单、优秀的算法。KNN 分类算法的核心思想是如果一个样本在特征空间中的 K 个最相邻的样本大多属于某一个类别，则该样本也属于这个类别，并具有这个类别上样本的特性。这就是所谓的"少数服从多数"原则。

如图 3.1 所示的 KNN 分类算法示意，假设已经获取一些花的特征，且已知这些花的类别，现在需要识别一朵新的花，判断它是哪一类。

首先找到与这个新样本最接近的 K 朵花。例如 $K=3$，根据距离判定原则，很容易判定新样本所属的类别，如图 3.1 所示。

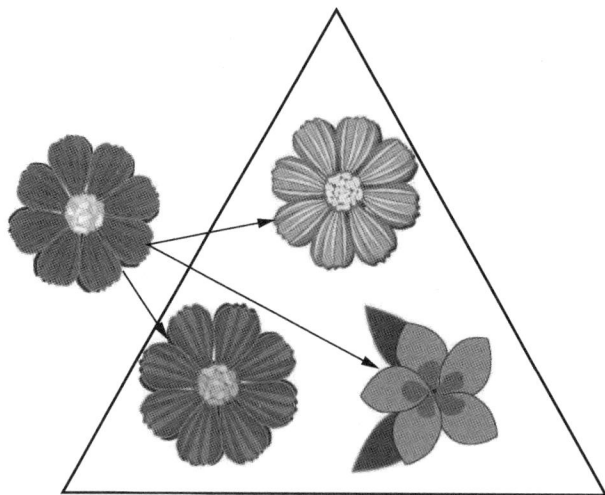

图 3.1 KNN 分类算法示意

再例如，当我们要判别图 3.2 中心圆点属于哪一类数据，那么同样可以从它的邻居下手。从图 3.2 中可以得出如下结论。

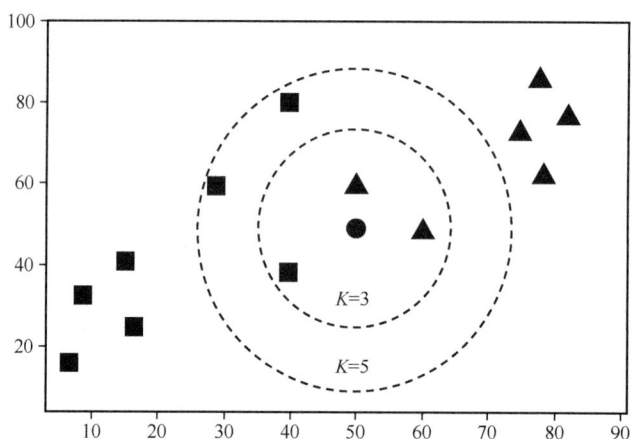

图 3.2 不同 K 值的 KNN 分类算法结果示意

如果 $K=3$，距离圆点最近的 3 个数据点是 2 个三角形和 1 个正方形，根据少数服从多数原则，判定圆点属于三角形一类。

如果 $K=5$，距离圆点最近的 5 个数据点是 2 个三角形和 3 个正方形，根据少数服从多数原则，判定圆点属于正方形一类。

可以看到，对于新样本的分类，可以根据与它最近邻的几个样本的类别来判定，把新样本归为多数样本所在的类别。当无法判定当前待分类数据点从属于已知分类中的哪一类时，我们可以依据统计学的理论看它所处的位置特征，衡量它周围邻居的权重，把它归到权重更大的那一类。这就是 KNN 分类算法的核心思想。

从上述示例中不难看出，KNN 分类算法中有 3 个基本要素。

- K 值的选取。
- 距离的度量。
- 分类决策规则。

KNN 分类算法的优点如下。

（1）算法思路简单、直观。

（2）依据已知类别的数据进行训练，分类效果好。

由于 KNN 分类算法主要靠周围有限的邻近的样本，而不是靠判别类域的方法来确定所属类别，因此对于类域交叉或重叠较多的待分样本集来说，KNN 分类算法较其他算法更为合适。

KNN 分类算法比较适用于样本容量比较大的类域的自动分类，而那些样本容量较小的类域采用该算法比较容易产生误分。

KNN 分类算法的缺点如下。

（1）计算量大，尤其是特征数量多的情况下。

（2）样本不平衡时，对稀有类别的预测准确率低。

3.1.1　K 值的选取

K 值的选取会对 KNN 分类算法的结果产生重大的影响。

K 值过小，相当于用较小邻域中的训练数据进行预测。其优点是减小了学习的近似误差，因为只有距离输入数据较近的训练数据会对预测结果起作用。其缺点是学习的估计误差会增大，预测结果会对近邻数据点非常敏感。如果所选取的数据点恰巧是噪声数据，那么预测就会出错。

K 值过大，相当于用较大邻域中的训练数据进行预测。其优点是减小了学习的估计误差。其缺点是学习的近似误差会增大，因为距离输入数据较远的训练数据也会起预测作用，可能导致预测出现误差。

在实际应用中，K 值一般取一个较小的整数值，通常采用交叉验证法来选择最优 K 值。交叉验证是一种常见的模型验证技术，主要用于评估一个统计分析模型在独立数据集上的概括能力。交叉验证法的指导思想是在某种意义下对原始数据进行分组，其中一部分作为训练集，其余部分作为测试集，先用训练集对分类器进行训练，再用测试集来测试训练得到的模型。可以对多次验证得到的结果计算平均值，以此作为评估分类器的性能指标，如图 3.3 所示。

图 3.3 中，数据集 D 被分成了 10 份，每次训练时分别将其中一份数据抽取出来用于测试，其余 9 份数据用于训练。注意，在划分数据时，要保持数据分布的平衡。例如，在划分出的训练集里，如果所有的样本都属于同一类别，那么在该训练集上得到的结果就不具有代表性，无法反映实际情况。

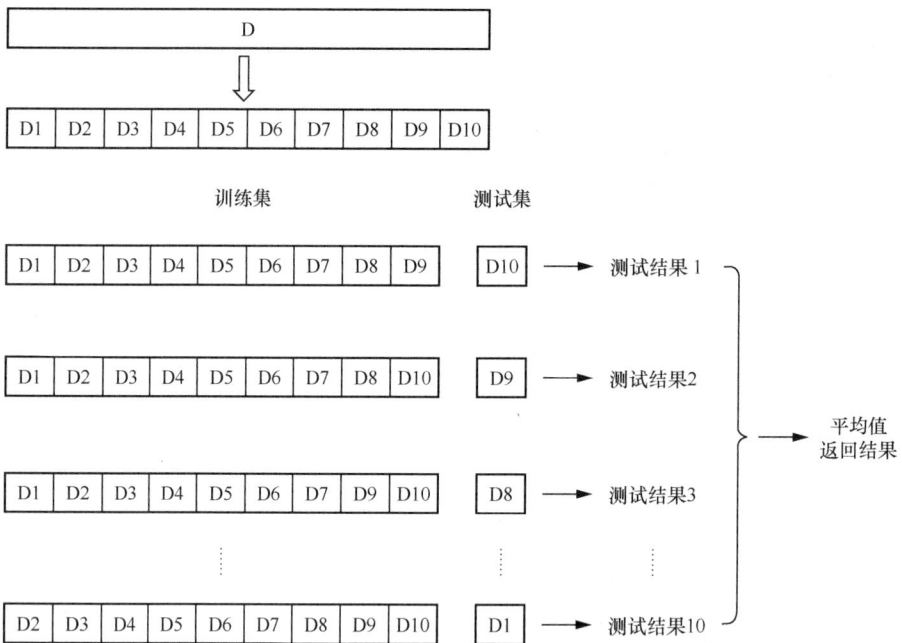

图 3.3　交叉验证法

【例 3.1】采用交叉验证法观察 K 值的变化对模型预测准确率的影响。

代码如下：

```
from sklearn import neighbors
from sklearn import datasets
from sklearn.model_selection import cross_val_score
# 获取鸢尾花数据集
iris = datasets.load_iris()
for k in range(3, 20, 2):
    # 执行 KNN 分类算法
    knn = neighbors.KNeighborsClassifier(n_neighbors=k)
    # 进行交叉验证
    scores = cross_val_score(knn, iris.data[:150], iris.target[:150], cv=5)
    print(f'K = {k}: the mean score is {100 * scores.mean():.2f}%.')
```

运行结果如下：

```
K = 3：the mean score is 96.67%.
K = 5：the mean score is 97.33%.
K = 7：the mean score is 98.00%.
K = 9：the mean score is 97.33%.
K = 11：the mean score is 98.00%.
K = 13：the mean score is 97.33%.
K = 15：the mean score is 96.67%.
K = 17：the mean score is 96.67%.
K = 19：the mean score is 96.67%.
```

由以上结果可以看出，K 值为 7 和 11 时预测准确率最高，达到 98%。

3.1.2　距离的度量

KNN 分类算法的核心在于找到新数据最近邻所属的分类标签。在特征空间中，两个数据点的距离可反映两个数据点之间的相似程度，因此距离的度量是 KNN 分类算法的关键。距离决定了哪些是邻居，哪些不是邻居。度量距离有很多种方法，不同的距离所确定的近邻点不同。常用的距离度量方法包括欧氏距离、曼哈顿距离、切比雪夫距离、闵可夫斯基距离和标准化欧氏距离等，平面上比较常用的是欧氏距离。

KNN 分类算法的特征空间一般是 n 维实数向量空间，数据之间的距离可以通过欧氏距离公式计算求得。

在二维平面，欧氏距离是两点间的直线段距离，是最常用的距离度量方法之一，如图 3.4 所示。其公式为：

$$D = \sqrt{\left(x_2 - x_1\right)^2 + \left(y_2 - y_1\right)^2}$$

n 维空间欧氏距离公式为：

$$D(x, y) = \sqrt{\sum_{i=1}^{n} (x_i - y_i)^2}$$

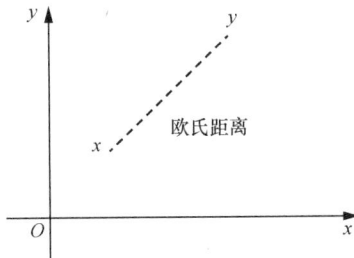

图 3.4　二维平面欧氏距离示意

3.1.3　分类决策规则

KNN 分类算法是一个简单、高效的算法，可用于多个类别的分类。KNN 分类算法中分类决策规则一般采用多数表决的方式，即由 K 个近邻训练数据中多数类决定输入数据所属的类，也可以选择基于距离远近程度进行加权平均等方法。

KNN 分类算法常用的决策规则有两种。

多数投票规则：这是 KNN 分类算法中最常用的决策规则。对于分类问题，选择 K 个近邻训练数据中所属类别最多的类作为待分类样本的类别。在二分类算法中，K 值一般应选择奇数，可以确保两个类别数量不平衡；在多分类算法中，如果存在多个类别的样本数量相同，则可以随机选择一个，或者根据距离的远近赋予不同的权重进行投票。

权重投票：在某些情况下，不同的近邻可能对分类结果的贡献不同。这时可以为每个近邻分配一个权重，通常距离越近权重越大。

此外，权重还可以使用其他函数来计算，例如高斯函数和自定义的函数。

3.1.4 KNN 分类算法的流程

KNN 分类算法是通过计算输入样本与每一个训练样本的距离，并选择前 *K* 个最近邻的样本来进行多数表决的。KNN 分类算法流程如图 3.5 所示。

KNN 分类算法简单，但是当训练集或特征维度很大时（经常会碰到样本的特征数上千、样本量超几十万的情况），计算会非常耗时。

3.2 KNN 分类算法的实现

在 Python 中，实现 KNN 分类算法使用的是 Kneighbors Classifier 类，KNeighborsClassifier 类属于 sklearn 的 neighbors 包。

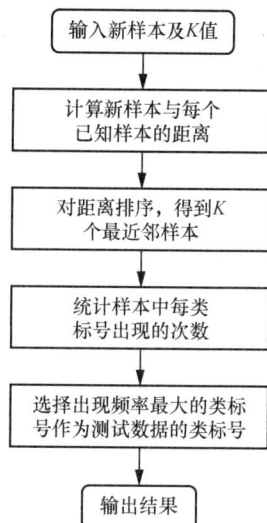

图 3.5 KNN 分类算法流程

KNeighborsClassifier 类使用简单，其核心操作分为 3 步。

（1）创建 KNeighborsClassifier 对象，并进行初始化。

① 基本格式如下。

sklearn.neighbors.KNeighborsClassifier(n_neighbors=5,weights='uniform',algorithm='auto', leaf_size=30,p=2, metric='minkowski', metric_params=None, n_jobs=None, **kwargs)

② 主要参数说明如下。

- n_neighbors：整型，可选，默认值是 5，代表 KNN 分类算法中的近邻数量 *K*。
- weights：计算距离时使用的权重，默认值是'uniform'，表示平等权重；也可以取'distance'，表示按照距离的远近设置不同权重；还可以自主设计加权方式，并以函数形式调用。
- metric：距离的计算，默认值是'minkowski'。当 p=2、metric='minkowski'时，使用的是欧氏距离；当 p=1、metric='minkowski'时，使用的是曼哈顿距离。

（2）调用 fit ()函数，对数据集进行训练。

函数格式：fit(X,y)。

说明：以 X 为训练集、y 为测试集对模型进行训练。

（3）调用 predict ()函数，对测试集进行预测。

函数格式：predict(X)。

说明：根据给定的数据预测其所属的类别标签。

【例 3.2】利用随机生成的数据集，实现 KNN 分类算法。

代码如下：

```
from sklearn.datasets.samples_generator import make_blobs
from matplotlib import pyplot as plt
from sklearn.neighbors import KNeighborsClassifier
```

```
import numpy as np
# 利用 sklearn 中的 make_blobs()函数生成 100 个数据点，并利用散点图显示
X, Y = make_blobs(n_samples=50, random_state=0, cluster_std=0.8,centers=3)
print(X)
print(Y)
plt.figure(figsize=(8, 5), dpi=144)
plt.scatter(X[:, 0], X[:, 1], c=Y, s=100, cmap='cool')
# 调用 sklearn 中的 KNeighborsClassifier 为数据点构建分类模型
k = 6
clf = KNeighborsClassifier(n_neighbors=k)
clf.fit(X, Y)
# 调用 predict()函数预测未知类别的数据点[0,3]的类别
X_sample = np.array([[0, 3]])
Y_sample = clf.predict(X_sample)
neighbors = clf.kneighbors(X_sample, return_distance=False)
print(Y_sample)
print(neighbors)
# 利用直线段表示出与数据点[0,3]距离最近的 6 个点，根据图形很容易判断出该数据点所属的类别
plt.figure(figsize=(8, 5), dpi=144)
plt.scatter(X[:, 0], X[:, 1], c=Y, s=100, cmap='cool')
plt.scatter(X_sample[:, 0], X_sample[:, 1], marker="*", c='black', s=100,
cmap='cool')
for i in neighbors[0]:
    plt.plot([X[i][0], X_sample[0][0]], [X[i][1], X_sample[0][1]], 'k--', linewidth = 0.6)
plt.show()
```

其中，make_blobs ()函数用于生成一个用于聚类的数据集和相应的标签，具体说明如下。

① 基本格式如下。

sklearn.datasets.make_blobs(n_samples=100,n_features=2,centers=3,cluster_std=1.0,center_box=(-10.0,10.0),shuffle=True,random_state=None)

② 主要参数说明如下。

- n_samples：样本个数，默认值为 100。
- n_features：每个样本的特征（或属性）数，也表示数据的维度，默认值为 2。
- centers：类别数（标签的种类数），默认值为 3。
- cluster_std：每个类别的方差，默认值为 1.0。
- center_box：中心确定之后的数据边界，默认值为 (-10.0,10.0)。
- shuffle：将数据打乱，默认值为 True。
- random_state：随机生成器的种子，可以固定生成的数据，给定数值之后，每次生成的数据集就是固定的；若不给定数值，则由于随机性将导致每次运行程序所获得的结果有所不同。

可视化结果如图 3.6 所示。

由图 3.6 可以看出，当 K 取 6 时，离被预测点最近的样本点中，深色点占比最高，所以被预测点所属类别就被判定为深色一类。

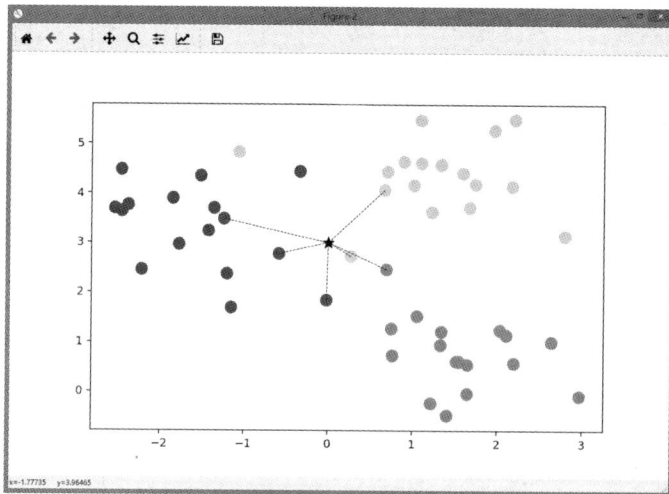

图 3.6 可视化结果

【例3.3】使用 KNN 分类算法对鸢尾花数据集进行分类预测。

鸢尾花数据集收集了 3 类鸢尾花，即山鸢尾、杂色鸢尾和弗吉尼亚鸢尾。每一类鸢尾花有 50 条数据，共 150 条数据。鸢尾花的数据特征有 4 个，分别为花瓣长度、花瓣宽度、花萼长度和花萼宽度。

代码如下：

```
# 导入库
from sklearn.datasets import load_iris
from sklearn.model_selection import train_test_split
from sklearn.preprocessing import StandardScaler
from sklearn.neighbors import KNeighborsClassifier
from sklearn.metrics import classification_report
from matplotlib import pyplot as plt
# 利用 load_iris() 函数读取鸢尾花数据集
iris = load_iris()
X_train, X_test, y_train, y_test = train_test_split(iris.data, iris.target,
test_size=0.25, random_state=33)
print(X_test)
# 标准化数据，并利用 KNN 分类算法进行分类
ss = StandardScaler()
X_train = ss.fit_transform(X_train)
test=[[6.1,3. ,4.6,1.4]]
test = ss.transform(test)
# 使用 KNN 分类器对测试数据进行类别预测，预测结果存储在变量 y_predict 中
k=5
knc = KNeighborsClassifier(n_neighbors=k)
knc.fit(X_train, y_train)
y_predict = knc.predict(test)
print(y_predict)
neighbors = knc.kneighbors(test, return_distance=False)
print(neighbors)
#绘图
plt.figure(figsize=(8, 5), dpi=144)
plt.scatter(X_train[:, 2], X_train[:, 3], c=y_train, s=10, cmap='cool')
```

```
plt.scatter(test[:, 2], test[:, 3], marker="*", c='red', s=10, cmap='cool')
for i in neighbors[0]:
    plt.plot([X_train[i][2], test[0][2]], [X_train[i][3], test[0][3]], 'k--',
linewidth=0.6)
    plt.show()
```

可视化结果如图 3.7 所示。

可以看出，KNN 分类算法对鸢尾花数据集分类的效果较好，体现了 KNN 分类算法的科学、有效。此外还有一部分原因，即鸢尾花数据集是经过预处理的标准数据集，数据质量较好。

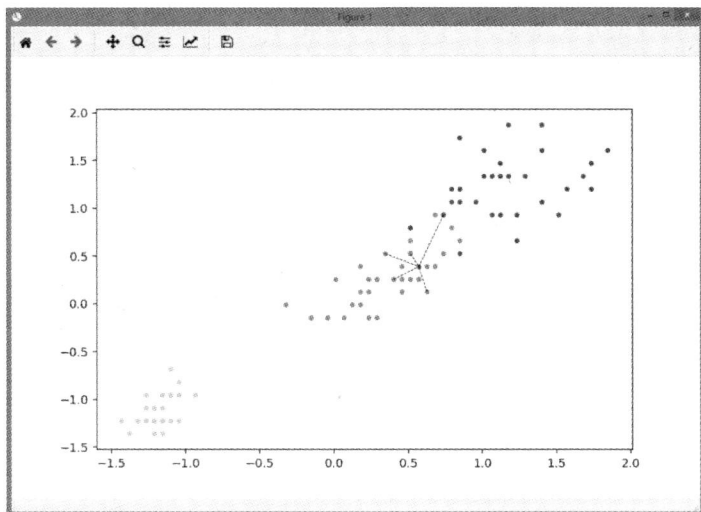

图 3.7 鸢尾花数据集 KNN 分类可视化结果

3.3 课后习题

1. 单项选择题

（1）KNN 分类算法的基本要素不包括（   ）。

A. 特征   B. 分类决策规则

C. K 值的选取   D. 距离的度量

（2）下列关于 KNN 分类算法的描述正确的是（   ）。

A. KNN 分类算法的结果与 K 值无关

B. KNN 分类算法的结果随着 K 值的增大而更加准确

C. KNN 分类算法的结果随着 K 值的增大而更加不准确

D. KNN 分类算法需要事先确定 K 值

（3）对于 sklearn.neighbors.KNeighborsClassifier 类，可以用来实现某个数据点类别的预测的函数为（   ）。

A. fit()   B. predict()

C. KNeighborsClassifier()　　　　　D. KNN()

2．编程题

某电影公司有大量的未分类的影片，影片信息如表 3.1 所示。该公司希望开发一个电影自动分类系统，根据每部电影中不同镜头类型出现的数量来自动判断电影的类别。简单起见，假设电影类型分为两类，即"恐怖片"和"动作片"，每部电影的特征包括"打斗镜头数量"和"夜场镜头数量"。为了验证模型的有效性，需要基于样本数据（电影序号 1～6），使用 KNN 分类算法构建一个分类模型，并预测样本（电影序号 7）是什么类型。

3.3 课后习题
编程题

表 3.1　影片信息

样本类别	电影序号	打斗镜头数量/个	夜场镜头数量/个	电影类别
训练样本	1	2	32	恐怖片
	2	5	28	恐怖片
	3	1	26	恐怖片
	4	89	10	动作片
	5	76	5	动作片
	6	71	2	动作片
测试样本	7	70	6	未知

## 第 4 章

Kmeans 聚类算法

本章概要

Kmeans 聚类算法（后文简称 Kmeans 算法）是一种具有代表性的聚类方法。该算法广泛应用于数据分析、数据挖掘、图像分割、统计学和机器学习等领域。Kmeans 算法在大数据时代有着重要的价值。

本章就 Kmeans 算法的基本原理和核心要素做简要介绍，并结合实例完成 Kmeans 算法的实现。

学习目标

完成对本章的学习后，要求达到以下目标：

（1）了解 Kmeans 算法的基本原理；

（2）熟悉 Kmeans 算法的核心要素；

（3）掌握使用 Kmeans 算法解决实际聚类问题的方法。

4.1 Kmeans 算法基本原理

在机器学习中，聚类是一种无监督学习方法。所谓聚类，即将样本按照各自的特点分为不同的类别；所谓无监督，即事先不知道样本属于哪个类别。当数据集中没有分类标签信息可以利用时，聚类算法根据数据内在性质及规律将其划分为若干个不相交的子集，每个子集称为一个簇。聚类的原理不同于分类的原理，事先并不知道数据所属的类别。聚类在数据类别未知的情况下，将数据划分为彼此不相交的簇，聚类的目标是使同一个簇中的样本相似度较高，而不同簇中的样本相似度较低。聚类算法在处理大量数据时效率较高，在大数据时代有着重要的价值。

Kmeans 算法是一种迭代算法，目标是将数据集划分成多个预定义的不同的非重叠簇，其中每个数据点仅属于一个簇。下面以图 4.1 为例进行介绍。

如果将聚类类别设为 2，即 $K=2$，聚类结果可能如图 4.2 所示。

如果将聚类类别设为 3，即 $K=3$，聚类结果就如图 4.3 所示。

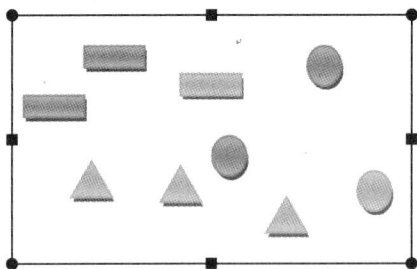

图 4.1　样本

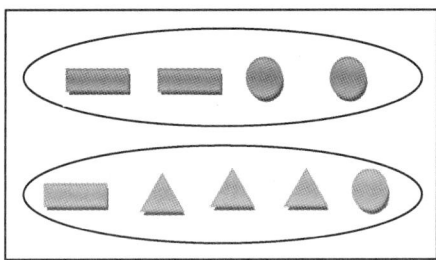

图 4.2　聚类结果（1）

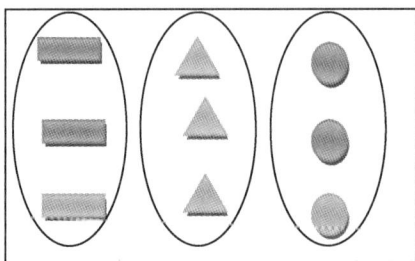

图 4.3　聚类结果（2）

从以上示例可以看到，K 值的选取不同，最后的聚类结果也不同。

聚类的基本思想是同一类的事物的相似度高。那么，如何进行事物之间相似度的判定？ Kmeans 算法是基于距离的聚类算法，采用距离作为相似度的评价指标，即认为两个对象的距离越近，其相似度就越高。该算法认为簇是由距离相近的对象组成的，因此把得到紧凑且独立的簇作为最终目标。距离一般采用欧氏距离。

4.2　Kmeans 算法的应用

4.2.1　Kmeans 算法流程

Kmeans 算法是一种迭代求解的聚类算法。该算法会先随机确定 K 个质心，然后将各个数据对象分配给距离最近的质心。在分配完成后，质心可能会发生变化，新的质心会转移到该质心所属簇中所有数据点的中心位置。然后，整个分配过程重新开始。这样不断迭代，直到结果不再发生变化为止。

在 Kmeans 聚类中簇的数目 K 需要被预先设定，不同的 K 值会对结果造成非常大的影响，因此选择合适的 K 值对提升模型的效果和优化模型的效率至关重要。

Kmeans 算法流程如下。

（1）初始化。随机选择 K 个样本作为初始的质心。

（2）对样本进行聚类。针对初始化时选择的质心，计算所有样本到每个中心的距离（一般采用欧氏距离），将每个样本划分到与其最近的中心类中，获得聚类结果。

（3）计算聚类后的每个类的质心，即每个类中样本的均值，作为新的聚类中心。

（4）重复执行步骤（2）和（3），直到聚类中心不再发生改变。

Kmeans 算法流程如图 4.4 所示。

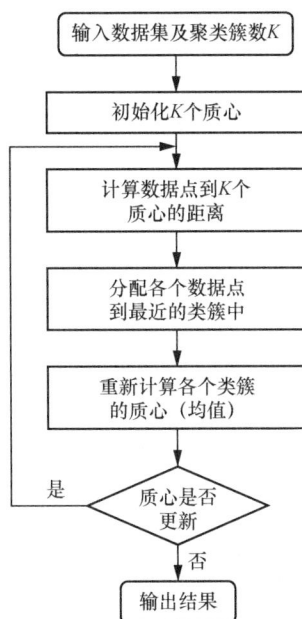

图 4.4　Kmeans 算法流程

可以看出，Kmeans 聚类是一个循环迭代的过程，要不断重新分配数据，最终达到预先定义的聚类目标。

4.2.2　Kmeans 算法的优缺点

Kmeans 算法的优点如下。

（1）算法快速、简单。

（2）对大数据集有较高的效率并且具有可伸缩性。

（3）时间复杂度接近线性，而且适合挖掘大规模数据集。

Kmeans 算法的缺点如下。

（1）在 Kmeans 算法中，K 值是事先给定的，很多情况下 K 值的估计是非常困难的。

（2）在 Kmeans 算法中，首先需要根据初始聚类中心来确定一个初始划分，然后对初始划分进行优化。这个初始聚类中心的选择对聚类结果有较大的影响，一旦初始值选择不好，可能无法得到有效的聚类结果，这也成为 Kmeans 算法的一个主要问题。

（3）从 Kmeans 算法流程可以看出，该算法需要不断地进行样本分类调整，不断地计算调整后的新聚类中心，因此当数据量非常大时，算法的时间开销是非常大的。所以需要对算法的时间复杂度进行分析、改进，扩大算法应用范围。

4.2.3　Kmeans 算法示例

【例 4.1】用一个简单的数据集来演示 Kmeans 算法的聚类过程。

以表 4.1 所示样本点为例。

Kmeans 算法
示例

表 4.1　样本点

样本点序号	X1	X2
1	1	1
2	1	2
3	2	1
4	2	2
5	6	3
6	6	4
7	7	3
8	7	4

可视化结果如图 4.5 所示。

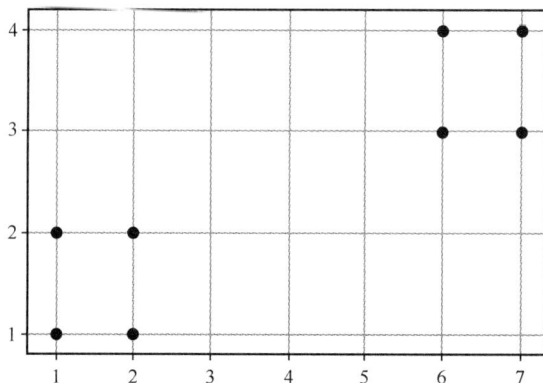

图 4.5　可视化结果

下面使用 Kmeans 算法对数据集进行聚类，聚类类别设置为 2。聚类过程共迭代 3 次，从运行结果可以看出，模型设置的初始聚类质心为(0,0)与(3,2)。分别计算样本点与两个初始质心的距离，第一次聚类结果如表 4.2 所示。

表 4.2　第一次聚类结果

样本点	与(0,0)的距离	与(3,2)的距离	分类簇号
1(1,1)	1.414	2.236	0
2(1,2)	2.236	2.000	0
3(2,1)	2.236	1.414	1
4(2,2)	2.828	1.000	1
5(6,3)	6.708	3.162	1
6(6,4)	7.211	3.605	1
7(7,3)	7.615	4.123	1
8(7,4)	8.062	4.472	1

重新计算的质心为(1,1)和(4.429,2.714)，此处保留 3 位小数。

第二次聚类结果如表 4.3 所示。

表 4.3 第二次聚类结果

样本点	与(1,1)的距离	与(4.429,2.714)的距离	分类簇号
1(1,1)	0.000	3.833	0
2(1,2)	1.000	3.502	0
3(2,1)	1.000	2.973	0
4(2,2)	1.414	2.531	0
5(6,3)	5.385	1.597	1
6(6,4)	5.831	2.030	1
7(7,3)	6.325	2.587	1
8(7,4)	6.708	2.875	1

重新计算的质心为(1.5,1.5)和(6.5,3.5)。

第三次聚类结果如表 4.4 所示。

表 4.4 第三次聚类结果

样本点	与(1.5,1.5)的距离	与(6.5,3.5)的距离	分类簇号
1(1,1)	0.707	6.042	0
2(1,2)	0.707	5.701	0
3(2,1)	0.707	5.148	0
4(2,2)	0.707	4.743	0
5(6,3)	4.743	0.707	1
6(6,4)	5.148	0.707	1
7(7,3)	5.701	0.707	1
8(7,4)	6.042	0.707	1

重新计算的质心为(1.5,1.5)和(6.5,3.5)。

由于第三次质心未发生变化，所以算法结束。

代码如下：

```
import random
import matplotlib.pyplot as plt
import numpy as np
samples = np.array([[1,1],[1,2],[2,1],[2,2],[6,3],[6,4],[7,3],[7,4]])
plt.figure(figsize=(8,6),dpi=144)
plt.scatter(samples[:,0],samples[:,1],s=100)
k1,k2 =(0,0),(3,2)
def dis(p1,p2):  # 计算距离
    return np.sqrt((p1[0] - p2[0])**2 + (p1[1]-p2[1])**2)
poinsts =samples
#print(poinsts)
previous_kernels = [k1,k2]
circle_number = 3
```

```
    for n in range(circle_number):
        kernel_colors = ['red','blue']
        new_kernels =[]
        #print(previous_kernels[0][0],previous_kernels[0][1])#输出质心坐标
        plt.scatter(previous_kernels[0][0],previous_kernels[0][1],color = 'r',marker=
'*',s=100*(n+1))
        plt.scatter(previous_kernels[1][0],previous_kernels[1][1],color = 'r',marker=
'*',s=100*(n+1))
        labels = [[],[]]                        #将点分成两类
        for p in poinsts:                       #k1、k2 为初始的两个点
            distances = [dis(p,k) for k in previous_kernels]
            #print(distances)
            min_index = np.argmin(distances)    #取距离最接近质心的下标
            labels[min_index].append(p)
        print('第{}次'.format(n+1))
        for i,g in enumerate(labels):
            l_x = [x for x,y in g]
            l_y = [y for x,y in g]
            n_k_x,n_k_y = np.mean(l_x),np.mean(l_y)
            new_kernels.append([n_k_x,n_k_y])
            print('两个簇之前的质心和现在的质心距离: {}'.format(dis(previous_kernels[i],[n_
k_x,n_k_y])))
        previous_kernels = new_kernels
        print('新质心坐标: ',new_kernels)
    plt.grid()
    plt.show()
```

运行结果如下:

第1次
两个簇之前的质心和现在的质心距离: 1.4142135623730951
两个簇之前的质心和现在的质心距离: 1.59719141249985
新质心坐标: [[1.0, 1.0], [4.428571428571429, 2.7142857142857144]]
第2次
两个簇之前的质心和现在的质心距离: 0.7071067811865476
两个簇之前的质心和现在的质心距离: 2.21543748846726
新质心坐标: [[1.5, 1.5], [6.5, 3.5]]
第3次
两个簇之前的质心和现在的质心距离: 0.0
两个簇之前的质心和现在的质心距离: 0.0
新质心坐标: [[1.5, 1.5], [6.5, 3.5]]

可视化结果如图 4.6 所示。

从图 4.6 中可以清晰地看到，质心在经过 3 次迭代后，收敛到最终所求位置。

在 sklearn 中，与 Kmeans 算法相关的类都在 cluster 包中，其中常用的类是 KMeans 类。详细信息可以参考 scikit-learn 官网。sklearn.cluster.KMeans ()函数的说明如下。

① 基本格式如下。

```
sklearn.cluster.KMeans(n_clusters=8,init='k-means++',n_init=10,max_iter=300,
tol=0.0001, random_state=None,copy_x=True, …)
```

② 主要参数说明如下。

● n_clusters：整型，默认值为 8，表示生成的聚类数。

● init：设置初始化聚类中心的方法。有以下 3 个可选值，默认值为 'k-means++'。

'k-means++'：用一种特殊的方法选定初始质心，可加速迭代过程。

'random'：随机从训练数据中选取初始质心。

ndarray 向量：如果传递的是一个 ndarray 向量，则应该形如(n_clusters, n_features)给出初始质心。

● n_init：整型，默认值为 10，表示用不同的质心初始化值运行算法的次数，最终解是在某种评估标准下选出的最优结果，Inertia 是评估标准之一。

● max_iter：整型，默认值为 300，表示执行一次 Kmeans 算法所进行的最大迭代数。

● tol：浮点型，默认值为 1×10^{-4}，与 Inertia 结合来确定收敛条件。

● random_state：整型或 numpy.RandomState 型，可选，用于初始化质心的生成器。如果值为一个整数，则确定一个种子。此参数默认值为 NumPy 的随机数生成器。

● copy_x：布尔型，默认值为 True。

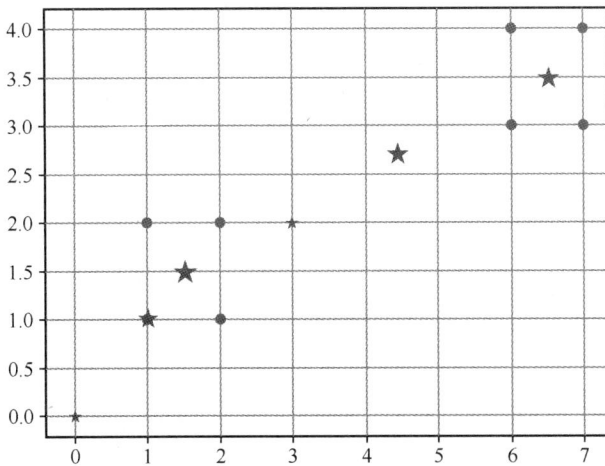

图 4.6　可视化结果

【例 4.2】使用 KMeans 类对给定数据进行聚类分析。

代码如下：

```
from sklearn.cluster import KMeans
import numpy as np
import matplotlib.pyplot as plt
X = np.array([[2, 2], [1, 4], [1, 0],
              [4, 2], [5, 4], [5, 0]])
kmeans = KMeans(n_clusters=2, random_state=0).fit(X)
cor=kmeans.labels_
print(kmeans.predict([[0, 0], [12, 3]]))
c_centers=kmeans.cluster_centers_
plt.scatter(X[:, 0], X[:, 1], c=cor)
plt.scatter(c_centers[:,0],c_centers[:,1],marker='+',s=100,c='red')
```

```
plt.title("two-cluster")
plt.grid()
plt.show()
```

可视化结果如图 4.7 所示。

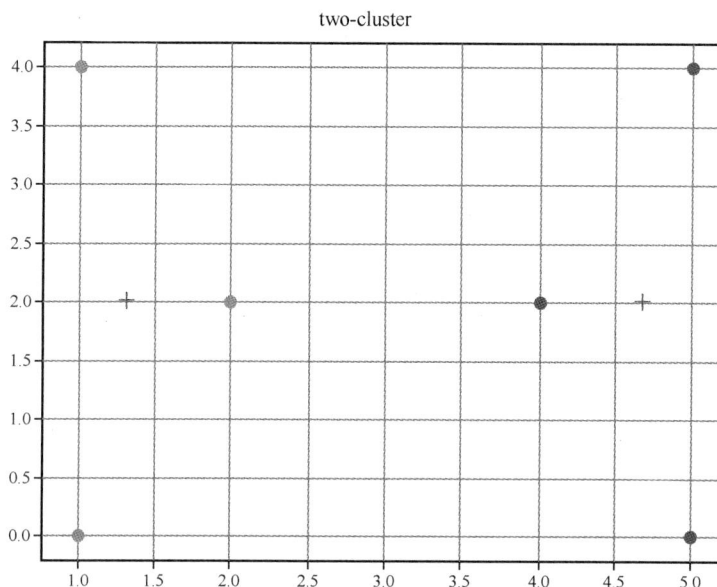

图 4.7   可视化结果

【例 4.3】使用 Kmeans 算法对随机产生的数据集进行聚类分析。

代码如下：

```
import numpy as np
import matplotlib.pyplot as plt
from sklearn.cluster import KMeans
from sklearn.datasets import make_blobs
plt.rcParams['font.sans-serif']=['SimHei']
plt.rcParams['axes.unicode_minus']=False
plt.figure(figsize=(8, 6))
n_samples = 1500
random_state = 170
X, y = make_blobs(n_samples=n_samples, random_state=random_state)
y_pred = KMeans(n_clusters=3, random_state=random_state).fit_predict(X)
plt.scatter(X[:, 0], X[:, 1], c=y_pred)
plt.title("聚类图")
plt.grid()
plt.show()
```

可视化结果如图 4.8 所示。

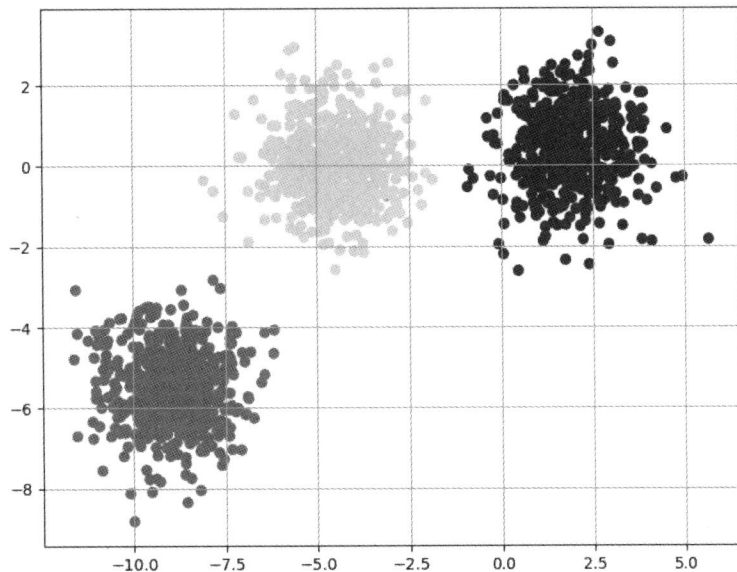

图 4.8 可视化结果

【例 4.4】使用 Kmeans 算法对鸢尾花数据集进行聚类分析。

代码如下：

```
import matplotlib.pyplot as plt
from mpl_toolkits.mplot3d import Axes3D
from sklearn.cluster import KMeans
from sklearn import datasets
import numpy as np
plt.rcParams['font.sans-serif']=['SimHei']   #避免中文出现乱码
iris=datasets.load_iris()                     #导入鸢尾花数据集
X=iris.data
X=X[:,2:]
est=KMeans(n_clusters=3)
est.fit(X)
labels=est.labels_
centers=est.cluster_centers_
fig=plt.figure(figsize=(8,5),dpi=144)
plt.scatter(X[:,0],X[:,1],s=100,c=labels.astype(float))
plt.scatter(centers[:,0],centers[:,1],s=100,marker='*',c='r')
plt.yticks([1,2,3])
plt.xticks([1,2,3,4,5,6,7])
plt.title('鸢尾花聚类图')
plt.grid()
plt.show()
```

可视化结果如图 4.9 所示。

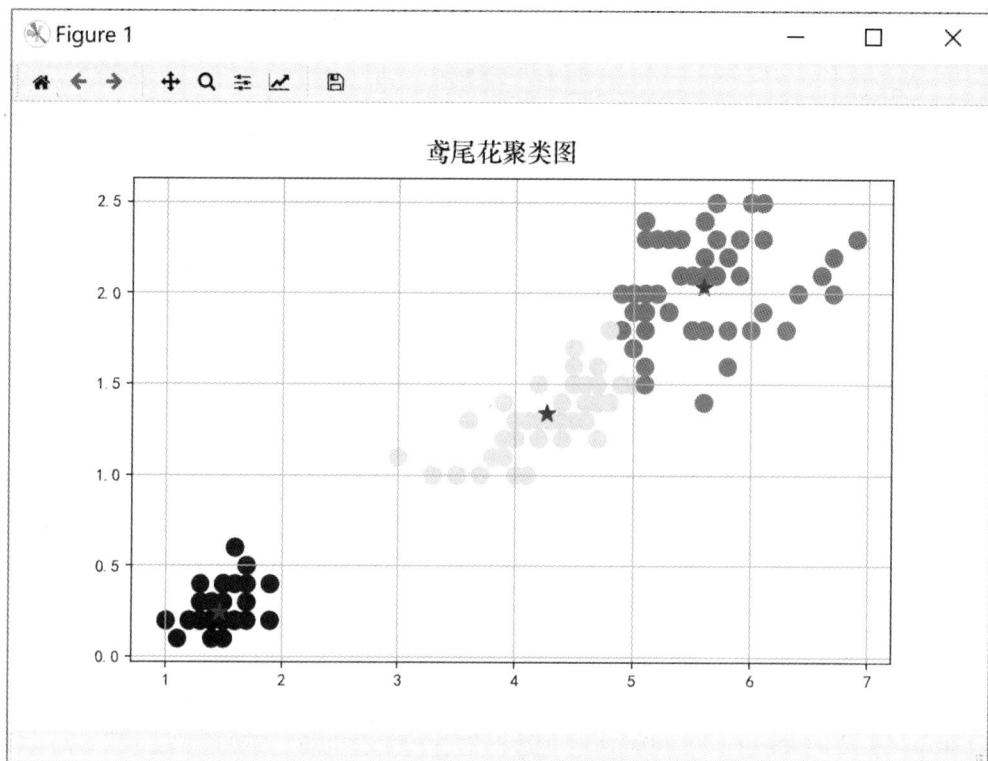

图 4.9　可视化结果

从图 4.9 中可以看出，Kmeans 算法模型在鸢尾花数据集上的表现较好。

4.2.4　Kmeans 算法中 K 值的选取方法

Kmeans 算法中，K 值的选取非常重要，通常，利用手肘法确定 K 值。手肘法将簇间误差平方和看成类簇数量 K 的函数。随着 K 值的增大，每个类簇内的离散程度变小，总的平方和也不断减小，并且减小的程度越来越不明显。极限情况是当 K=N 时，每个类簇只有一个点，这时总的平方误差和为 0。

手肘法认为我们应该选择的 K 值：当 K 值到达某个值，再继续增大时，总平方误差和减小的趋势不再明显，这个值就是"拐点"。这条趋势线非常像人的一条手臂，肘部位置的 K 值恰好真实簇的个数接近。通过手肘法，将肘部对应的 K 值作为最佳选择，在大多数情况下是非常有效的。

【例 4.5】用手肘法确定 K 值。

代码如下：

```
import numpy as np
from sklearn.cluster import KMeans
from scipy.spatial.distance import cdist
import matplotlib.pyplot as plt
from sklearn.datasets import make_blobs
plt.rcParams['font'.sans-serif]=['SimHei']
```

```
#利用make_blobs()函数生成200个特征数为2的数据
a,y=make_blobs(n_samples=200,n_features=2)
K=np.array([1,2,3,4,5,6,7,8,9])
# K值不超过10
meanDispersions = []
for k in range(1,10):
    kmeans = KMeans(n_clusters=k)
    kmeans.fit(a)
    #计算某个点与其所属类质心的欧氏距离
    #计算所有点与对应中心的距离的平方和的均值
    meanDispersions.append(sum(np.min(cdist(a, kmeans.cluster_centers_, 'euclidean'),
axis= 1)) / a.shape[0])
    #print(meanDispersions)
plt.plot(K, meanDispersions, 'o-')
plt.xlabel('K')
plt.ylabel('簇内平方和')
plt.title('手肘法确定K值')
plt.show()
```

运行结果如图 4.10 所示。

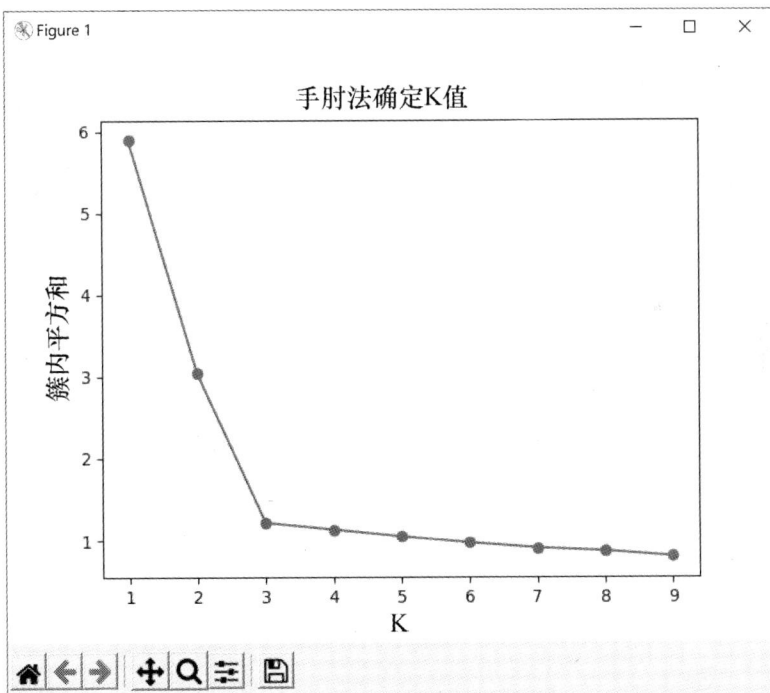

图 4.10   运行结果

由图 4.10 可以看出，模型性能在 $K=3$ 的附近变化较大，可以将 $K=3$ 作为拐点，即当 K 值为 3 的时候能够兼顾模型的性能和计算复杂度。

4.3 课后习题

1. 单项选择题

（1）能实现聚类的模块导入语句是（   ）。

A. from sklearn.svm import SVC

B. from sklearn.cluster import KMeans

C. from sklearn.naive_bayes import GaussianNB

D. from sklearn.neighbors import KNeighborsClassifier

（2）假设某类簇包含数据点(1,2),(3,4),(5,3)，则该类簇的质心为（   ）。

A. (1,2)   B. (3,4)   C. (5,6)   D. (3,3)

（3）Kmeans 算法要求输入的数据类型必须是（   ）。

A. 整型   B. 数值型   C. 字符型   D. 逻辑型

2. 编程题

（1）对鸢尾花数据集进行聚类分析，聚类簇可以设置为 2 到 5，通过可视化观察聚类簇数选择多少聚类效果比较好。

（2）利用 NumPy 中的随机函数生成 1000 个样本，然后利用 sklearn 中的 KMeans()函数进行聚类分析，将聚类簇类设为 2，并将聚类结果可视化。

（3）利用 make_blobs()函数随机生成 300 个样本，样本数据特征数为 2，然后利用 sklearn 中的 KMeans()函数进行聚类分析，将聚类簇类设为 2，并将聚类结果可视化。

4.3 课后习题
编程题（3）

第5章 回归算法

本章概要

回归是一种分析数据的方法，目的在于了解两个或多个变量之间的相关性、相关方向以及相关强度的大小，并建立数学模型以观察给定特殊自变量值后预测的因变量值。例如，在零售领域，企业根据历史销量、目标地区人口数量、目标地区物价指数等因素预测下一阶段的产品投放量；在农业领域，专家根据降雨量、平均温度等因素预测农产品收获量，进而指导实际播种。

线性回归在解决连续值预测问题的基础上，还可以作为分类模型，用以解决离散值的预测问题。

本章从线性回归出发，介绍线性回归算法的原理，并通过实际案例介绍如何通过 Python 实现线性回归算法，然后介绍多项式回归，最后介绍以线性回归为基础解决分类问题的逻辑回归与 Softmax 回归。

学习目标

完成对本章的学习后，要求达到以下目标：

（1）了解线性回归与多项式回归的基本概念；

（2）了解逻辑回归与 Softmax 回归的基本概念；

（3）熟悉回归算法的核心要素；

（4）掌握回归算法的代码实现；

（5）掌握使用回归算法解决实际问题的方法。

5.1 线性回归

5.1.1 简单线性回归

我们应该都曾学习过"一元线性回归模型"：根据成对的样本数据建立一元线性回归模型，通过最小二乘法求回归模型的参数。在二维笛卡儿坐标系中，一元线性回归是指拟合出一条直线，尽可能多地穿过样本点，并且每个样本点到该直线的距离和最小。

在党的二十大的正确指引下，我国各行业加快发展，其中交通运输行业起到非常重要的作用。在航运产业发展过程中，对于各渡轮公司的营运，我们希望探究渡轮航线正点率与顾客投诉次数的关系。10 家渡轮公司某一年的数据如表 5.1 所示。

表 5.1　渡轮航线正点率与顾客投诉次数

渡轮公司编号	渡轮航线正点率	顾客投诉次数 / 次
1	68.5%	125
2	78.4%	18
3	70.8%	122
4	71.2%	72
5	72.2%	93
6	75.7%	68
7	81.8%	21
8	76.8%	57
9	73.8%	75
10	76.6%	85

根据以上 10 组数据绘制散点图，并使用最小二乘法拟合回归线，如图 5.1 所示。

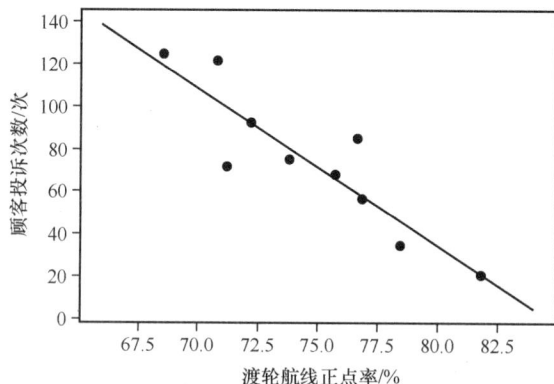

图 5.1　渡轮航线正点率与顾客投诉次数散点图与拟合回归线

根据回归线方程可以预测具体正点率对应的顾客投诉次数。

以上过程可以简单地用数学语言表示，假设顾客投诉次数（y）与正点率（x）呈线性相关。

$$y = w \cdot x + b$$

使用最小二乘法计算，我们求得 w 的值为-7.43，b 的值为 629.60。

一般地，**简单线性回归**是指通过线性函数对一个自变量和一个因变量进行建模，尽可能准确地将因变量的值预测为自变量的函数。

5.1.2　多变量线性回归

1．线性模型

实际生活中，人们关心的目标结果变化是由多个因素共同作用的结果，简单线性回归是只有单一因素的特殊情况。假设预测的目标结果由 d 个特征共同决定，由于每个特征对结果产生的影响并不相同，因此每个特征都需要调整其权重，即目标结果的值是 d 个特征的加权和。

$$\hat{y} = w_1 x_1 + w_2 x_2 + \cdots + w_i x_i + \cdots + w_d x_d + b$$

其中，$\hat{y}$ 表示目标结果的预测值，w_i 表示第 i 个特征的权重，b 表示偏置。偏置是指当所有特征都为 0 时的预测值，即使现实中很少有所有特征均是 0 的情况，但仍然需要设偏置，否则模型的表达能力将受到限制。

将权重用向量 $\boldsymbol{w} \in \mathbb{R}^d$ 表示，特征用向量 $\boldsymbol{x} \in \mathbb{R}^d$ 表示，该公式可简化为如下形式。

$$\hat{y} = \boldsymbol{w}^{\mathrm{T}} \boldsymbol{x} + b$$

2. 损失函数

定义好线性模型后，下一个目标是寻找合适的参数，包括权重向量 $\boldsymbol{w} \in \mathbb{R}^d$ 和偏置 b，使得线性模型在高维空间构成的超平面尽可能多地穿过样本点。如何评测一组参数下线性模型在训练集上的优劣性？

损失函数（Loss Function）能够用来量化目标结果的预测值与实际值之间的差距。在机器学习中，损失函数一般是值域为非负实数的凸函数，且函数值越小表示损失越小。在回归问题中常用的损失函数是平方误差函数，对于一个样本 i，当通过线性模型计算出预测值为 $\hat{y}^{(i)}$、实际值为 $y^{(i)}$ 时，平方误差可定义为如下公式。

$$l^{(i)}(\boldsymbol{w}, b) = \frac{1}{2} \left(\hat{y}^{(i)} - y^{(i)} \right)^2$$

平方项的系数 $\frac{1}{2}$ 并不影响损失函数的本质，在后期求解损失函数最优值时对函数的平方项求导会方便计算。

度量假设模型在训练集上的优劣性需要计算总损失函数：所有 n 个样本的平方误差均值，公式如下。

$$L(\boldsymbol{w}, b) = \frac{1}{n} \sum_{i=1}^{n} l^{(i)}(\boldsymbol{w}, b) = \frac{1}{n} \sum_{i=1}^{n} \frac{1}{2} \left(\boldsymbol{w}^{\mathrm{T}} \boldsymbol{x}^{(i)} + b - y^{(i)} \right)^2$$

目标是找到参数 $\boldsymbol{w}^*$ 和 b^*，使得总损失 $L(\boldsymbol{w}, b)$ 最小。

$$\boldsymbol{w}^*, b^* = \underset{\boldsymbol{w}, b}{\mathrm{argmin}} \, L(\boldsymbol{w}, b)$$

3. 最优参数

利用**梯度下降**（Gradient Descent）法可以计算使损失函数值达到最小时的参数值，这种方法具备普适性，可用于大部分的机器学习模型。简单来说，梯度下降法通过不断地向损失函数递减的方向上更新参数来降低误差，直至得出最优参数。

例如定义一个二维线性模型 $\hat{y} = w_1 x_1 + w_2 x_2 + b$，模型参数的初始值为随机值，通过梯度下降法计算最优参数 w_1、w_2 和 b 的方法如下。

首先计算损失函数对每一个参数的偏导数。

$$\frac{\partial}{\partial w_1} L\left(w_1, w_2, b\right) = \frac{1}{n} \sum_{i=1}^{n} x_1^{(i)} \left(w_1 x_1^{(i)} + w_2 x_2^{(i)} + b - y^{(i)}\right)$$

$$\frac{\partial}{\partial w_2} L\left(w_1, w_2, b\right) = \frac{1}{n} \sum_{i=1}^{n} x_2^{(i)} \left(w_1 x_1^{(i)} + w_2 x_2^{(i)} + b - y^{(i)}\right)$$

$$\frac{\partial}{\partial b} L\left(w_1, w_2, b\right) = \frac{1}{n} \sum_{i=1}^{n} \left(w_1 x_1^{(i)} + w_2 x_2^{(i)} + b - y^{(i)}\right)$$

这 3 个参数的偏导数构成了损失函数的梯度，现在将参数沿负梯度的方向更新。

$$w_1 \leftarrow w_1 - \alpha \cdot \frac{\partial}{\partial w_1} L\left(w_1, w_2, b\right)$$

$$w_2 \leftarrow w_2 - \alpha \cdot \frac{\partial}{\partial w_2} L\left(w_1, w_2, b\right)$$

$$b \leftarrow b - \alpha \cdot \frac{\partial}{\partial b} L\left(w_1, w_2, b\right)$$

其中，α 决定梯度下降的规模大小，称作**学习率**（Learning Rate），可以通过验证集上的评估结果调整学习率。

接下来不断迭代上述两个步骤，直至超过指定迭代次数或者参数值的更新率小于设定的阈值。

对于一般的线性模型，通过梯度下降法求得最优参数的过程如下。

$$\boldsymbol{w} \leftarrow \boldsymbol{w} - \alpha \cdot \frac{\partial}{\partial \boldsymbol{w}} L\left(\boldsymbol{w}, b\right) = \frac{1}{n} \sum_{i=1}^{n} \boldsymbol{x}^{(i)} \left(\boldsymbol{w}^{\mathrm{T}} \boldsymbol{x}^{(i)} + b - y^{(i)}\right)$$

$$b \leftarrow b - \alpha \cdot \frac{\partial}{\partial b} L\left(\boldsymbol{w}, b\right) = \frac{1}{n} \sum_{i=1}^{n} \left(\boldsymbol{w}^{\mathrm{T}} \boldsymbol{x}^{(i)} + b - y^{(i)}\right)$$

如果训练集含有大量样本，每一次更新参数都要遍历所有样本，这会产生大量的计算并减慢参数优化的过程。实际上人们通常会在每次需要更新的时候，随机抽取一小批样本使用梯度下降法更新参数，这种梯度下降法的变体称为**小批量随机梯度下降**（Minibatch Stochastic Gradient Descent），这样每次更新参数时无须遍历所有样本。

4．使用模型进行预测

通过梯度下降法得到最优参数 $\boldsymbol{w}^*$ 和 b^* 后，可以使用线性假设模型 $\boldsymbol{w}^{*\mathrm{T}} \boldsymbol{x} + b^*$ 预测目标结果。

5.1.3　线性回归案例与编程实现

线性回归分析的过程一般包括数据预处理、特征选择、建立模型、训练模型、模型预测与评估模型等。实际情境中各特征的单位可能不同，可根据需要对原始数据进行归一化或标准化；此外，不是所有特征都会对结果产生影响，并且某些变量之间存在共线性，所以在选择特征时需要对变量进行相关性检验。

现有一些关于鱼类的测量数据样本，包括鱼的重量（单位：克）、长度（单位：厘米）、宽度（单位：厘米）以及多个部位的长度（单位：厘米）。接下来利用线性回归模型探索鱼的重量与其多个形态长度之间的关系。

1．初步探索数据

（1）加载需要的模块。

代码如下：

```
import numpy as np
import pandas as pd
import matplotlib.pyplot as plt
import seaborn as sns
from sklearn.preprocessing import StandardScaler, OneHotEncoder
from sklearn.model_selection import train_test_split
from sklearn.linear_model import LinearRegression
from sklearn.metrics import mean_squared_error, r2_score
```

（2）加载数据集并读取前5条数据。

代码如下：

```
data = pd.read_csv('fish.csv')
print(data.head())
```

运行结果如下。

```
    Species  Weight   Length1  Length2  Length3  Height   Width
0   Bream    242.0    23.2     25.4     30.0     11.5200  4.0200
1   Bream    290.0    24.0     26.3     31.2     12.4800  4.3056
2   Bream    340.0    23.9     26.5     31.1     12.3778  4.6961
3   Bream    363.0    26.3     29.0     33.5     12.7300  4.4555
4   Bream    430.0    26.5     29.0     34.0     12.4440  5.1340
```

（3）查看数据集的维度与数据类型。

代码如下：

```
print('Data Shape:',data.shape)
print('Data Datatype:')
print(data.dtypes)
```

运行结果如下：

```
Data Shape: (159, 7)
Data Datatype:
Species    object
Weight     float64
Length1    float64
Length2    float64
Length3    float64
Height     float64
Width      float64
dtype: object
```

除种类（Species）字段外，其余字段均为浮点数据类型。

（4）查看数据集描述性统计数据。

代码如下：

```
print(data.describe())
```

运行结果如下：

```
           Weight      Length1      Length2      Length3       Height        Width
count  159.000000   159.000000   159.000000   159.000000   159.000000   159.000000
mean   398.326415    26.247170    28.415723    31.227044     8.970994     4.417486
std    357.978317     9.996441    10.716328    11.610246     4.286208     1.685804
min      0.000000     7.500000     8.400000     8.800000     1.728400     1.047600
25%    120.000000    19.050000    21.000000    23.150000     5.944800     3.385650
50%    273.000000    25.200000    27.300000    29.400000     7.786000     4.248500
75%    650.000000    32.700000    35.500000    39.650000    12.365900     5.584500
max   1650.000000    59.000000    63.400000    68.000000    18.957000     8.142000
```

（5）查看是否存在缺失值。

代码如下：

```
print(data.isnull().sum())
```

运行结果如下：

```
Species    0
Weight     0
Length1    0
Length2    0
Length3    0
Height     0
Width      0
dtype: int64
```

可以看出，数据集不存在数据缺失的情况。

2．探索性数据分析

（1）种类分析。

代码如下：

```
sns.countplot(x = '种类', data = data)
plt.show()
```

运行结果如图 5.2 所示。

数据集中共有 7 个种类的鱼，而且 Perch 品种的鱼数量最多。

（2）特征——目标相关度分析。

代码如下：

```
sns.pairplot(data = data, x_vars = ['Length1','Length2','Length3','Height','Width'],y_
vars = 'Weight', hue = 'Species')
plt.show()
```

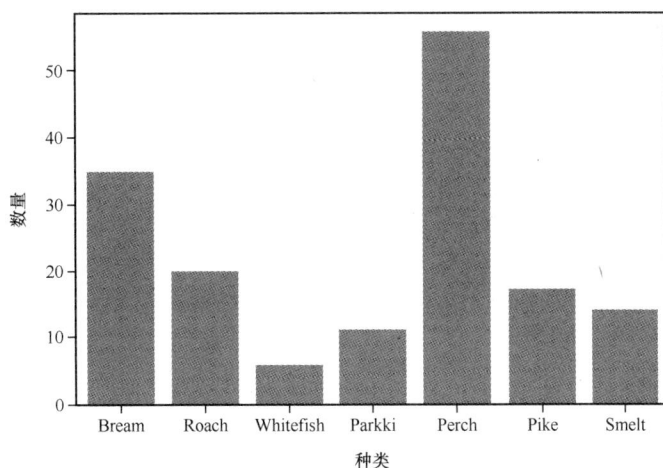

图 5.2　鱼类柱状图

运行上述代码绘制出鱼类重量与其他特征的相关度散点图，可以查看各个特征与目标变量是否存在相关性，如图 5.3 所示。

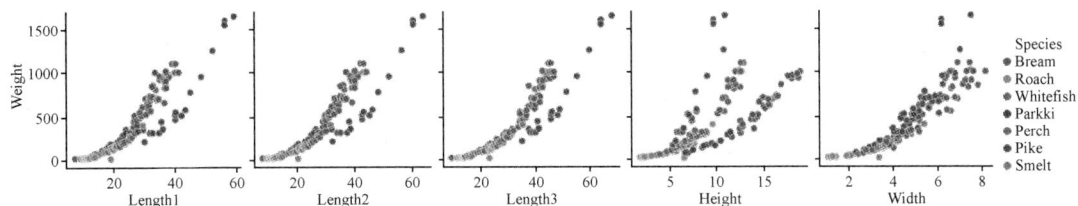

图 5.3　鱼类重量与其他特征的相关度散点图

所有特征均与目标变量存在相关性，接下来需要检查特征之间是否存在共线性。
代码如下：

```
print(data.corr())
```

运行结果如下：

	Weight	Length1	Length2	Length3	Height	Width
Weight	1.000000	0.915712	0.918618	0.923044	0.724345	0.886507
Length1	0.915712	1.000000	0.999517	0.992031	0.625378	0.867050
Length2	0.918618	0.999517	1.000000	0.994103	0.640441	0.873547
Length3	0.923044	0.992031	0.994103	1.000000	0.703409	0.878520
Height	0.724345	0.625378	0.640441	0.703409	1.000000	0.792881
Width	0.886507	0.867050	0.873547	0.878520	0.792881	1.000000

Length1、Length2 和 Length3 之间存在高度的共线性，冗余的特征对回归模型的建立没有过多的帮助，反而会增加计算成本，只需要保留其中一个特征。
代码如下：

```
data.drop(['Length2', 'Length3'], axis = 1, inplace=True)
```

（3）离群点分析。
由于存在测量误差、人为错误输入等，数据集可能存在异常数据，需要通过一定的手段查找出异常数据，避免影响模型的构建。

代码如下：

```
sns.pairplot(data = data)
plt.show()
```

运行结果如图 5.4 所示。

图 5.4 左上方的子图反映出鱼的重量数据主要集中在 1200 以下，但也有大于 1500 的数据；而其他特征的数据分布较为集中。

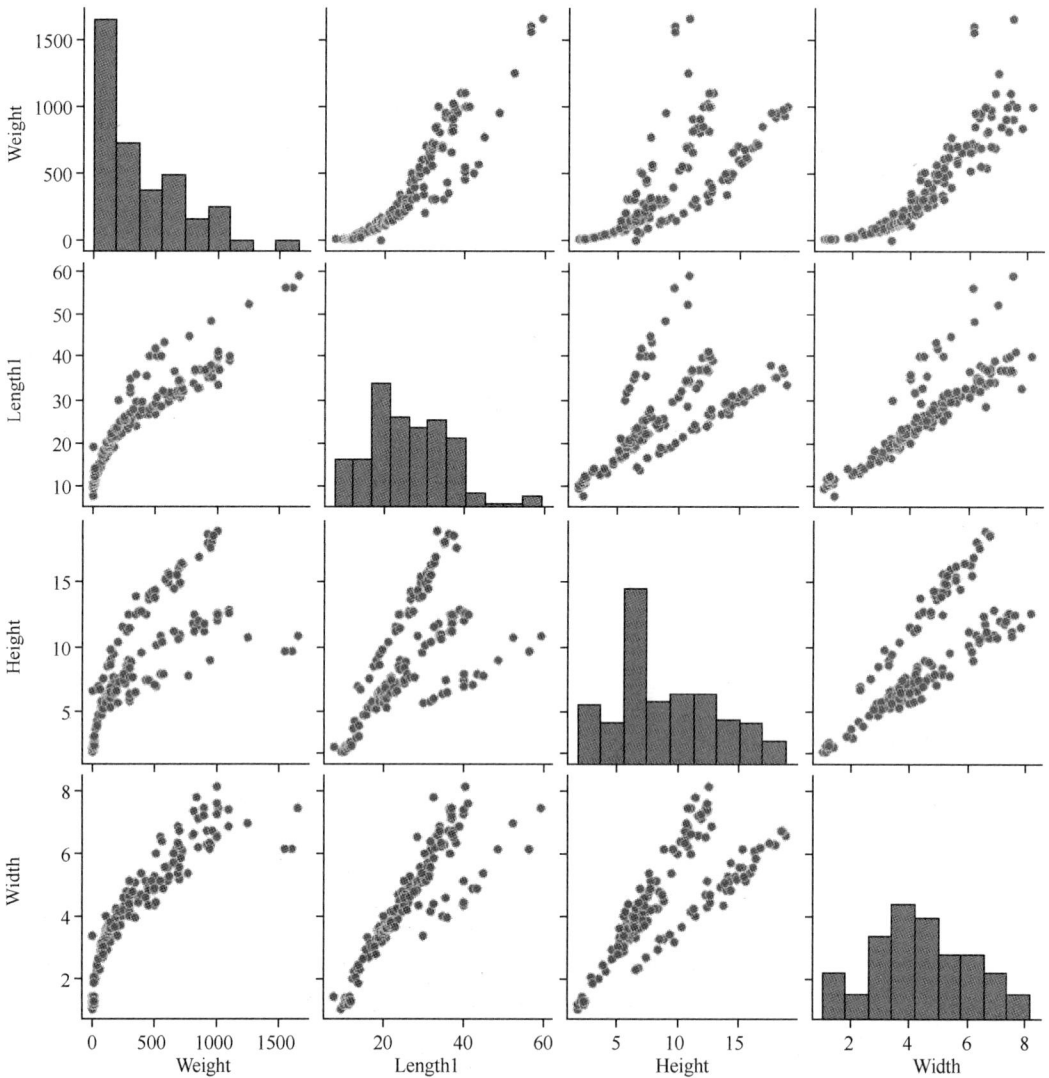

图 5.4　离群点分析

假设把某个特征的所有数值由小到大排列，排列后第 25% 的数值称作 Q_1，第 75% 的数值称作 Q_3，则四分位距 $\text{IQR}=Q_3-Q_1$，通过如下公式定义离群值 x。

$$\left\{x\,|\,x<Q_1-(1.5\times\text{IQR})\text{或}x>Q_3+(1.5\times\text{IQR})\right\}$$

代码如下：

```
def detect_outliers(data, col):
    Q1 = data[col].quantile(0.25)
    Q3 = data[col].quantile(0.75)
    IQR = Q3 - Q1
    lower = Q1 - (1.5 * IQR)
    upper = Q3 + (1.5 * IQR)
    outliers = data[(data[col] < lower) | (data[col] > upper)]
    if len(outliers) == 0:
        return 'No Outliers'
    else:
        return outliers


features = data.columns[1:]
for col in features:
    print(col)
    print(detect_outliers(data, col))
    print('\n')
```

运行结果如下：

```
Weight
        Species   Weight   Length1   Height   Width
142       Pike    1600.0     56.0     9.600    6.144
143       Pike    1550.0     56.0     9.600    6.144
144       Pike    1650.0     59.0    10.812    7.480

Length1
        Species   Weight   Length1   Height   Width
142       Pike    1600.0     56.0     9.600    6.144
143       Pike    1550.0     56.0     9.600    6.144
144       Pike    1650.0     59.0    10.812    7.480

Height
No Outliers

Width
No Outliers
```

这 3 条数据的部分特征值符合离群值的定义，为离群值，将这些值排除在数据集外。
代码如下：

```
data.drop([142, 143, 144], axis = 0, inplace = True)
```

3．数据预处理

（1）标准化。

由于各个特征值的表示单位与数量级不同，需要将特征值分布调整为均值为 0、方差为 1 的正态分布。

代码如下：

```
X = data.drop('Weight', axis = 1)
```

```
y = data['Weight']

X_number = StandardScaler().fit_transform(X.iloc[:,1:])
y_processed = StandardScaler().fit_transform(y.values.reshape(-1,1))
```

（2）非数值特征向量化。

鱼的种类对重量的影响不能忽略，与数值型的连续数据不同，由于种类特征属于离散的数据，需要对其进行向量化，然后将其与数值型的、经标准化后的数据拼接。

代码如下：

```
X_cate = OneHotEncoder(sparse=False).fit_transform(X.iloc[:,0:1])
X_cate = pd.DataFrame(X_cate,columns=["Species_Encode_" + str(s) for s in range(1,
X_cate.shape[1] + 1)])
X_number = pd.DataFrame(X_number,columns=X.columns[1:])
X_processed = pd.concat([X_cate,X_number], axis=1)
```

（3）划分训练集与测试集。

按 8 : 2 的比例将数据集划分为训练集和测试集。

代码如下：

```
X_train, X_test, y_train, y_test = train_test_split(X_processed, y_processed, test_
size=0.2)
```

4．模型构建与预测

接下来建立线性回归模型，用训练集拟合模型参数，再用测试集进行预测。
代码如下：

```
model = LinearRegression()
model.fit(X_train,y_train)
y_pred = model.predict(X_test)
```

使用模型对象的 coef_ 和 intercept_ 属性查看模型的权重与截距。
代码如下：

```
print(model.coef_)
print(model.intercept_)
```

运行结果如下：

```
[[-0.25665315 -0.09937045  0.01521485 -0.39868977 -0.04733825  0.75814308
   0.0286937   0.80634602  0.31646953  0.08794246]]
[0.03258311]
```

5．模型评估

将模型的预测值与真实值进行对比，以评估模型性能。
代码如下：

```
print('MSE: %.3f' % mean_squared_error(y_test,y_pred))
print('R2 Score: %.3f' % r2_score(y_test,y_pred))
```

运行结果如下：

```
MSE: 0.119
R2 Score: 0.917
```

5.2 多项式回归

5.2.1 多项式回归模型

许多情况下，变量之间虽呈现明显的相关关系，但并不成线性关系，例如通过测量设备记录一个正弦波的电压数据后绘制散点图，明显不会呈线性分布。

如果使用线性模型拟合出一条直线，显然不能准确地概括这些数据。但是在不知道背景的情况下，并不清楚两个变量之间存在着哪种数学关系。

在数学上，对于一个可微函数，如果函数曲线足够光滑，在已知函数在某一点的各阶导数值的情况之下，泰勒公式可以用这些导数值作系数构建一个多项式来近似函数在这一点的邻域中的值。

例如，指数函数 $y = e^x$ 在 $x = 0$ 附近可以用以下多项式近似地表示：

$$e^x \approx 1 + x + \frac{x^2}{2!} + \frac{x^3}{3!} + \cdots + \frac{x^n}{n!}$$

若对于函数 $f(x)$ 在包含区间 $x = a$ 上 $n+1$ 阶可导，则函数 $f(x)$ 在这个区间内的任意 x 的近似值可表示为：

$$f(x) \approx f(a) + \frac{f^1(a)}{1!}(x-a) + \frac{f^2(a)}{2!}(x-a)^2 + \cdots + \frac{f^{(n)}(a)}{n!}(x-a)^n$$

简单来看，对于不知道 $f(x)$ 具体表达式的函数，可以近似地用一个一元多项式函数表示，并间接使用线性回归方法拟合。

$$f(x) \approx w_0 + w_1 x + w_2 x^2 + \cdots + w_n x^n$$

令 $x_1 = x, x_2 = x^2, \cdots, x_n = x^n$，则上式可转换为一个一般的线性回归表达式。

5.2.2 多项式回归案例与编程实现

本节以测量正弦波电压为例，介绍使用 Python 进行多项式回归分析的方法。假设通过测量仪器，对一个不清楚具体表达式的正弦波每 0.1s 进行一次电压测量，测量结果已保存至 Sine_wave.csv 文件中。

1．初步探索数据

（1）加载需要的模块，并读取数据集。

代码如下：

```
import numpy as np
```

```
import matplotlib.pyplot as plt
import pandas as pd
from sklearn.model_selection import train_test_split
from sklearn.linear_model import LinearRegression
from sklearn.metrics import mean_squared_error, r2_score
from sklearn.preprocessing import PolynomialFeatures
from sklearn.pipeline import make_pipeline
data = pd.read_csv('Sine_wave.csv',encoding='utf-8')
data.head()
```

运行结果如下：

```
     X      y
0   0.0   0.854929
1   0.1   1.006637
2   0.2   0.597594
3   0.3   0.669479
4   0.4   0.922193
```

（2）可视化数据。

代码如下：

```
plt.scatter(data['X'], data['y'])
plt.show()
```

运行结果如图 5.5 所示。

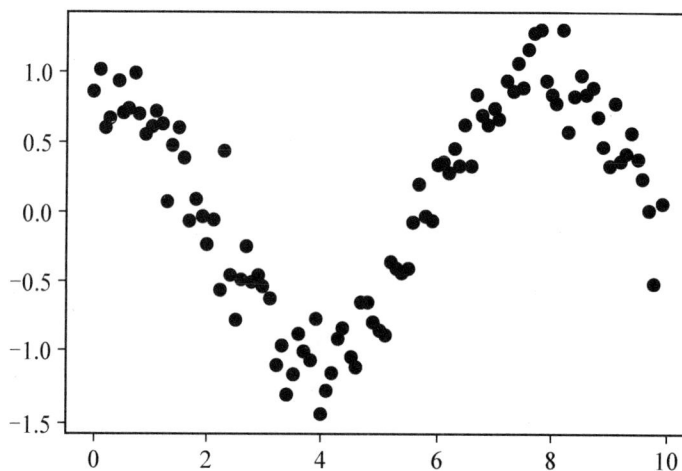

图 5.5　正弦波散点图

（3）离群点分析。

代码如下：

```
def detect_outliers(data, col):
    Q1 = data[col].quantile(0.25)
    Q3 = data[col].quantile(0.75)
    IQR = Q3 - Q1
    lower = Q1 - (1.5 * IQR)
    upper = Q3 + (1.5 * IQR)
    outliers = data[(data[col] < lower) | (data[col] > upper)]
    if len(outliers) == 0:
```

```
        return 'No Outliers'
    else:
        return outliers
feature = data.columns[1]
print(detect_outliers(data, feature))
```

运行结果如下：

```
No Outliers
```

2. 数据预处理

将数据集按 8∶2 的比例划分为训练集和测试集。

代码如下：

```
X = data['X']
y = data['y']
X_train, X_test, y_train, y_test = train_test_split(X, y, test_size=0.2)
```

3. 模型构建

将自变量 x 生成多个幂次项，可以使用 sklearn 中的 PolynomialFeatures 类。

例如有二维数组变量 a=[[1],[2],[3]]，经过 PolynomialFeatures 类处理后可生成指定幂次的二维数组。

代码如下：

```
a = np.array([[1],[2],[3]])
poly = PolynomialFeatures(3,include_bias=False)
print(poly.fit_transform(a))
```

运行结果如下：

```
[[ 1.  1.  1.]
 [ 2.  4.  8.]
 [ 3.  9. 27.]]
```

理论上幂次项越高，越能拟合原始的数据，分别生成一元二项式至一元八项式。同时使用 make_pipeline 函数构造流水线，避免生成过多的临时变量。绘制出在训练集上的多项式曲线。

代码如下：

```
for degree in range(2,9):
    pipeline=make_pipeline(PolynomialFeatures(degree,include_bias=False),
LinearRegression())
    pipeline.fit(X_train,y_train)
    y_pred = pipeline.predict(X_test)
    y_train_pred = pipeline.predict(X_train)
    plt.scatter(X,y)

plt.plot(np.sort(X_train.reshape(-1)),y_train_pred.reshape(-1)[np.argsort(X_train.re
shape(-1))],color='r',label='n=%d'%degree)
```

回归算法 / 第 5 章

```
plt.legend()
plt.show()
```

运行结果如图 5.6 所示。

可以看出，当多项式最高阶为 5 次项的时候，曲线较好地拟合了原始数据点。接下来通过评估指标查看预测效果。

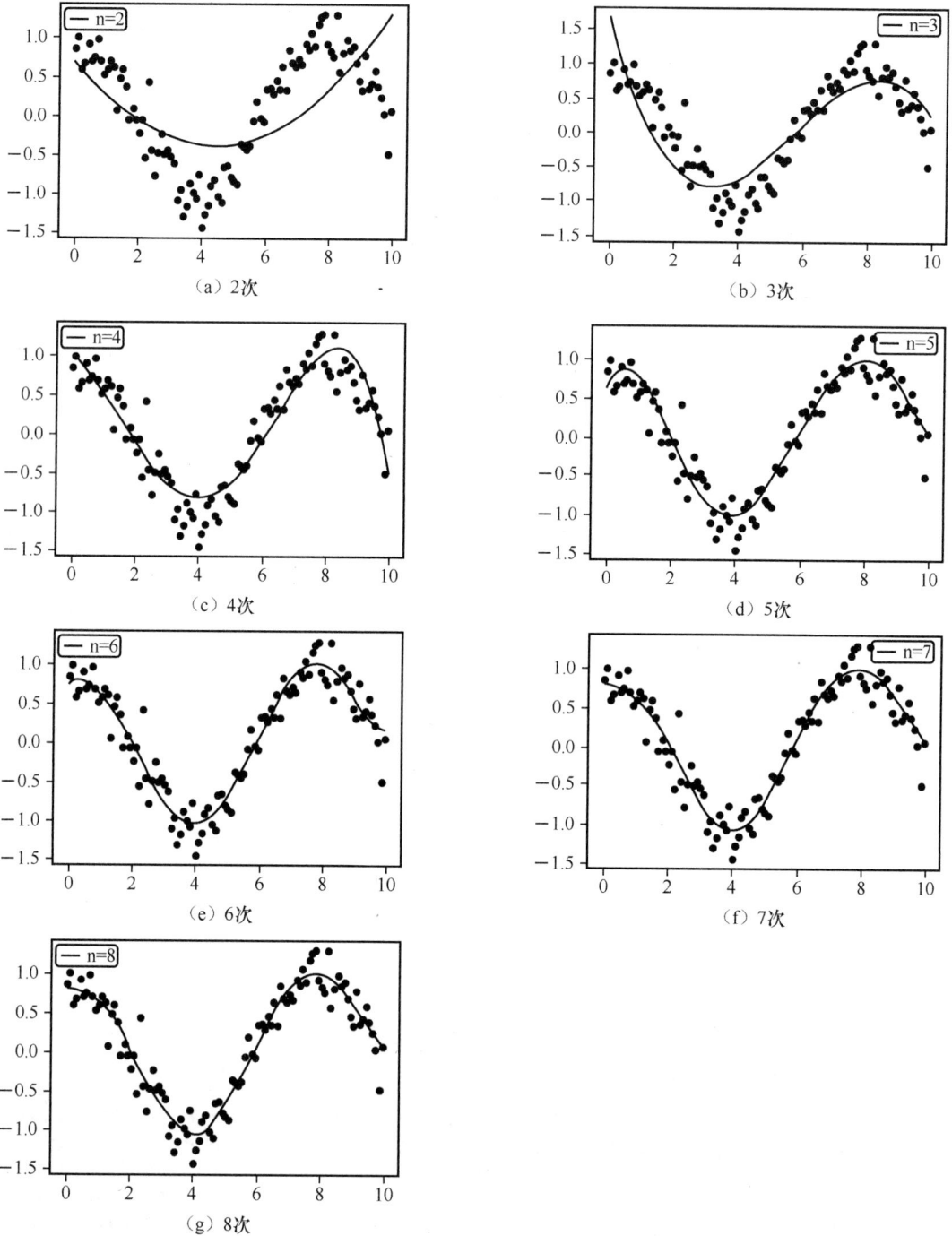

图 5.6　不同幂次拟合的多项式曲线

4. 模型评估

代码如下：

```
for degree in range(2,9):
    pipeline=make_pipeline(PolynomialFeatures(degree,include_bias=False),
LinearRegression())
    pipeline.fit(X_train,y_train)
    y_pred = pipeline.predict(X_test)
    print('n=%d:' % degree)
    print('MSE: %.3f' % mean_squared_error(y_test,y_pred))
    print('R2 Score: %.3f' % r2_score(y_test,y_pred))
    print()
```

运行结果如下：

```
n=2:
MSE: 0.407
R2 Score: 0.143

n=3:
MSE: 0.145
R2 Score: 0.694

n=4:
MSE: 0.053
R2 Score: 0.888

n=5:
MSE: 0.048
R2 Score: 0.898

n=6:
MSE: 0.050
R2 Score: 0.894

n=7:
MSE: 0.046
R2 Score: 0.903

n=8:
MSE: 0.046
R2 Score: 0.904
```

当多项式最高阶为 5 次项的时候，模型效果最佳，更高次项可能会导致过拟合。

5.3 逻辑回归

前面两节中的案例都是依靠给定的特征与输出值，预测拟合数据的函数模型，以获得任何输入特征下的预测值。还有一种情况是需要根据给定的特征，预测出样本属于哪个类别，这种问题称作分类。例如用扫描仪扫描考试答题卡，通过读取铅笔涂黑的区域判断某一道题目考生的作答选项是 A、B、C 还是 D。

假设有一类花包含两个品种，人们可以通过测量花瓣和花柄的长度来区分。现收集到了一些测量数据，并根据测量数据绘制散点图，如图 5.7 所示。

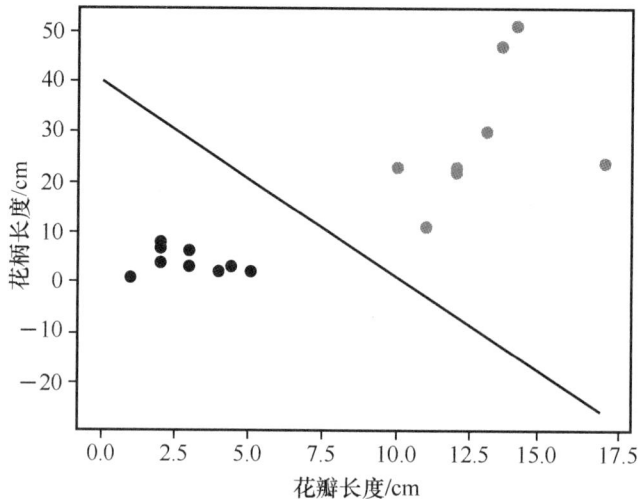

图 5.7　两种花的花瓣长度与花柄长度散点图

在图 5.7 中读者很容易画出一条分隔线将两类数据分开。那么对于更高维度的数据，我们需要通过计算机帮助我们构建一个"分隔超平面"，将两类数据分开。

5.3.1　逻辑回归模型

1．基本概念

由于上例将样本分成两类，设定其中一类标签为 0，另一类标签为 1。目标是根据样本的多个特征，判断其属于的类别。所以需要一个函数，对于每个输入的样本，都能将其映射成值域为[0,1]的数，表示样本属于类别 1 的概率，并且如果函数值大于 0.5，则判定属于类别 1，否则属于类别 0。

类似于线性回归，假设样本包含 d 个特征，可以构造出一个超平面。

$$w_1 x_1 + w_2 x_2 + \cdots + w_d x_d + b = 0$$

在逻辑回归中称该超平面为决策边界。

假设某个样本 $x^{(i)}$ 满足 $w_1 x_1^{(i)} + w_2 x_2^{(i)} + \cdots + w_d x_d^{(i)} + b > 0$，则可以判断它属于类别 1。

2．激活函数

考虑到 $w_1 x_1 + w_2 x_2 + \cdots + w_d x_d + b$ 的取值为实数集，不符合概率取值为[0,1]，为了从预测概率的角度去构建模型，即希望逻辑回归输出的结果属于正样本的概率大小，可以引入激活函数，将原始表达式的取值范围限定在(0,1)范围。

sigmoid 函数是一个有界可微的实函数，定义域为实数集，且导数恒为非负，函数图像如图 5.8 所示。

$$S(x) = \frac{1}{1 + e^{-x}}$$

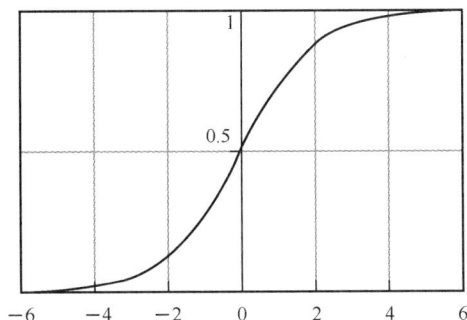

图 5.8　sigmoid 函数图像

将决策边界作为激活函数的参数，即可将样本的特征输入转换为属于正样本的概率。

$$\hat{y} = \frac{1}{1 + e^{-\left(w^{\mathrm{T}} x + b\right)}}$$

3．损失函数

二分类问题中经常使用二元交叉熵函数作为损失函数。

$$l^{(i)}\left(\boldsymbol{w}, b\right) = -y^{(i)} \ln \hat{y}^{(i)} - \left(1 - y^{(i)}\right) \ln\left(1 - \hat{y}^{(i)}\right)$$

$$L\left(\boldsymbol{w}, b\right) = \frac{1}{n} \sum_{i=1}^{n} l^{(i)}\left(\boldsymbol{w}, b\right)$$

5.3.2　逻辑回归案例与编程实现

假设已获取到一些近年来通过新秀赛进入美国职业篮球联赛（National Basketball Association，NBA）职业生涯球员的赛场数据，希望通过这些数据预测球员在 NBA 的职业生涯是否会超过 5 年。

1．初步探索数据

（1）加载所需的模块并读取数据集。

代码如下：

```
import pandas as pd
import matplotlib.pyplot as plt
import numpy as np
import seaborn as sns
from scipy import stats
from sklearn.preprocessing import MinMaxScaler
from sklearn.model_selection import train_test_split
from sklearn.linear_model import LogisticRegression
from sklearn.metrics import classification_report
data = pd.read_csv("nba.csv")
```

```
data.head()
```

运行结果如下：

```
     Name      GP    MIN   PTS   FGM   FGA   FG%    3P    Made   3PA   3P%  ...
0    Brandon   Ingram   36   27.4  7.4   2.6   7.6   34.7  0.5    2.1   25.0  ...
1    Andrew    Harrison  35  26.9  7.2   2.0   6.7   29.6  0.7    2.8   23.5  ...
2    JaKarr    Sampson   74  15.3  5.2   2.0   4.7   42.2  0.4    1.7   24.4  ...
3    Malik     Sealy     58  11.6  5.7   2.3   5.5   42.6  0.1    0.5   22.6  ...
4    Matt      Geiger    48  11.5  4.5   1.6   3.0   52.4  0.0    0.1   0.0   ...

     FTA   FT%   OREB  DREB  REB   AST   STL   BLK   TOV    TARGET_5Yrs
0    2.3   69.9  0.7   3.4   4.1   1.9   0.4   0.4   1.3    0.0
1    3.4   76.5  0.5   2.0   2.4   3.7   1.1   0.5   1.6    0.0
2    1.3   67.0  0.5   1.7   2.2   1.0   0.5   0.3   1.0    0.0
3    1.3   68.9  1.0   0.9   1.9   0.8   0.6   0.1   1.0    1.0
4    1.9   67.4  1.0   1.5   2.5   0.3   0.3   0.4   0.8    1.0
```

（2）查看数据集的维度与数据类型。

对 DataFrame 对象调用 info()方法可以返回各字段的类型和各字段中非空值的计数结果。代码如下：

```
data.info()
```

运行结果如下：

```
<class 'pandas.core.frame.DataFrame'>
RangeIndex: 1340 entries, 0 to 1339
Data columns (total 21 columns):
 #   Column       Non-Null Count   Dtype
---  ------       --------------   -----
 0   Name         1340 non-null    object
 1   GP           1340 non-null    int64
 2   MIN          1340 non-null    float64
 3   PTS          1340 non-null    float64
 4   FGM          1340 non-null    float64
 5   FGA          1340 non-null    float64
 6   FG%          1340 non-null    float64
 7   3P Made      1340 non-null    float64
 8   3PA          1340 non-null    float64
 9   3P%          1340 non-null    float64
 10  FTM          1340 non-null    float64
 11  FTA          1340 non-null    float64
 12  FT%          1340 non-null    float64
 13  OREB         1340 non-null    float64
 14  DREB         1340 non-null    float64
 15  REB          1340 non-null    float64
 16  AST          1340 non-null    float64
 17  STL          1340 non-null    float64
 18  BLK          1340 non-null    float64
 19  TOV          1340 non-null    float64
 20  TARGET_5Yrs  1340 non-null    float64
dtypes: float64(19), int64(1), object(1)
memory usage: 220.0+ KB
```

可以发现 3P% 特征存在缺失值，使用该特征的平均值填充缺失的数据。

代码如下：

```
data['3P%']=data['3P%'].fillna(data['3P%'].mean())
```

姓名（Name）特征不是需要的内容，可以直接去掉。

代码如下：

```
data.drop("Name",axis=1,inplace=True)
```

2．探索性数据分析

（1）目标类别分析。

代码如下：

```
target = data['TARGET_5Yrs']
data_distrubution = target.value_counts()
print(data_distrubution)
sns.countplot(target)
```

运行结果如下：

```
1.0    831
0.0    509
Name: TARGET_5Yrs, dtype: int64
```

所生成的柱状图如图 5.9 所示，其中，横坐标 TARGET_5Yrs 代表"职业生涯是否超过 5 年"（值为 1 表示超过 5 年，值为 0 表示没超过 5 年），纵坐标 count 代表该类别球员的总人数。

从图 5.9 所示的分布结果可以看出，大部分球员在 NBA 的职业生涯超过 5 年。

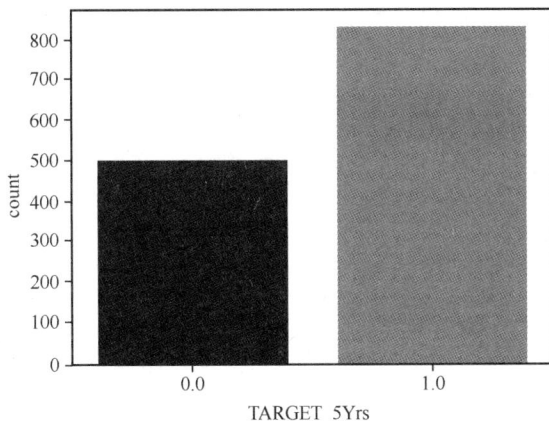

图 5.9　职业生涯是否超过 5 年的柱状图

（2）离群点分析。

Z-score 是一种数值度量指标，它描述了一个值与一组值的平均值的关系。Z-score 是根据某个值与平均值的标准差来衡量的，如果 Z-score 为 0，则表明该值与平均值相同；如果 Z-score 为 1，则表明该值与平均值相差一个标准差。Z-score 可以是正值或负值，正值表示分数高于平均值，负值表示分数低于平均值。Z-score 可以揭示分数对于指定数据集是典型的还是非典型的。

将 Z-score 大于 3 的记录剔除。

代码如下：

```
zscore = np.abs(stats.zscore(data))
data = data[(zscore < 3).all(axis=1)]
print(data.shape)
```

运行结果如下：

```
(1182, 20)
```

剔除离群点后的数据剩余 1182 条。

3．数据预处理

（1）归一化。

由于各个特征的取值范围不同，将特征的取值范围缩放至[0,1]。

代码如下：

```
X = data.iloc[:,:-1]
y = data.iloc[:,-1]

features = X.columns.values
scaler = MinMaxScaler(feature_range = (0,1))
X = pd.DataFrame(scaler.fit_transform(X))
X.columns = features
```

（2）划分训练集与测试集。

按 8 : 2 的比例将数据集划分为训练集和测试集。

代码如下：

```
X_train, X_test, y_train, y_test = train_test_split(X, y, test_size=0.2)
```

4．模型构建与预测

代码如下：

```
model = LogisticRegression(solver='liblinear')
model.fit(X_train , y_train)
y_pred = model.predict(X_test)
```

5．模型评估

代码如下：

```
print(classification_report(y_test,y_pred))
```

运行结果如下：

```
          precision    recall   f1-score   support
```

0.0	0.65	0.66	0.66	89
1.0	0.79	0.78	0.79	148
accuracy			0.74	237
macro avg	0.72	0.72	0.72	237
weighted avg	0.74	0.74	0.74	237

5.4 Softmax 回归

逻辑回归一般用于二分类问题，但是实际生活中人们还经常遇到多分类问题，例如单项选择题答案是 A、B、C 或 D 中的一个，这是一个四分类问题；对手写数字的识别是一个十分类的问题。简单的多分类问题可以使用 Softmax 回归来处理。

5.4.1 Softmax 回归计算原理

相对于逻辑回归中通过一个决策边界来区分正、负样本，对于 n 分类问题，可以创建 n 个决策边界：

$$o_1 = x_1 w_{11} + x_2 w_{21} + \cdots + x_d w_{d1} + b_1$$
$$o_2 = x_1 w_{12} + x_2 w_{22} + \cdots + x_d w_{d2} + b_2$$
$$\cdots$$
$$o_n = x_1 w_{1n} + x_2 w_{2n} + \cdots + x_d w_{dn} + b_n$$

然后通过 Softmax 运算将输出值转换为值为正且和为 1 的概率分布：

$$\hat{y}_1, \hat{y}_2, \cdots, \hat{y}_i, \cdots, \hat{y}_n = \text{Softmax}(o_1, o_2, \cdots, o_n)$$

其中：

$$\hat{y}_i = \frac{\exp(o_i)}{\sum_{j=1}^{n} \exp(o_j)} (i = 1, 2, \cdots, n)$$

易得 $0 \leqslant \hat{y}_i \leqslant 1$ 且 $\sum_{i=1}^{n} \hat{y}_i = 1$，然后将 n 个预测值中最大的一项作为样本的预测类别。

5.4.2 交叉熵函数

扩展二元交叉熵函数为一般的交叉熵函数：

$$H(\boldsymbol{y}^{(i)}, \hat{\boldsymbol{y}}^{(i)}) = -\sum_{j=1}^{n} y_j^{(i)} \ln \hat{y}_j^{(i)}$$

预测分类结果正确并不需要预测概率完全等于标签概率，使用更适合衡量两个概率分布差异的测量函数即可。交叉熵只关心对正确类别的预测概率，因为只要其值足够大，就可以确保分类结果正确。

5.4.3 Softmax 回归案例与编程实现

鸢尾花数据集是常用的分类实验数据集，它包含 3 类鸢尾花的数据样本，每类 50 个，共 150 个数据样本，每个数据样本包含 4 个属性。

根据样本的 4 个属性，通过 Softmax 回归预测样本属于哪一种鸢尾花。

代码如下：

```
import pandas as pd
import matplotlib.pyplot as plt
import numpy as np
from sklearn.model_selection import train_test_split
from sklearn.linear_model import LogisticRegression
from sklearn.metrics import classification_report
from sklearn.datasets import load_iris
X,y = load_iris(return_X_y=True)
X_train, X_test, y_train, y_test = train_test_split(X, y, test_size=0.2)
model = LogisticRegression(multi_class='multinomial',solver='lbfgs')
model.fit(X_train,y_train)
y_pred = model.predict(X_test)
print(classification_report(y_test,y_pred))
```

运行结果如下：

	precision	recall	f1-score	support
0	1.00	1.00	1.00	8
1	0.77	1.00	0.87	10
2	1.00	0.75	0.86	12
accuracy			0.90	30
macro avg	0.92	0.92	0.91	30
weighted avg	0.92	0.90	0.90	30

从模型运行结果可以看出，模型在具有 3 个类别的鸢尾花数据集上的准确率可以达到 90%。

5.5 课后习题

1. 编程题

（1）通过线性回归预测汽车燃油效率。

mtcars 数据集收录了 32 辆汽车的工况数据，包括汽车的排量、总马力、重量等。我们现在想利用这些数据，通过汽车的某些工况特征，预测汽车的燃油效率值。该数据集中各属性含义如下。

5.5 课后习题
编程题（1）

mpg：每加仑（1 加仑 ≈ 3.785 升）汽油续驶里程。

cyl：气缸个数。

disp：排量。

hp：总马力。

drat：后轴比。

wt：重量。

qsec：启动加速能力。

vs：引擎类型（0 表示 V 型，1 表示直排型）。

am：变速方式（0 表示自动变速，1 表示手动变速）。

gear：前进齿轮数。

carb：化油器个数。

请选择合适的汽车特征，通过 Python 构建线性回归模型预测汽车每加仑汽油的续驶里程。

（2）通过逻辑回归预测用户是否会大额存款。

现有一个数据集 bank，内含大量银行客户的信息（已脱敏），并标记有是否曾大额存款。请选择合适的银行客户信息特征，通过 Python 构建逻辑回归模型分析银行客户是否会大额存款。

5.5 课后习题
编程题（2）

2．思考题

（1）在线性回归模型中，如果权重参数的初始值均为 0，梯度下降法仍然有效吗？

（2）尝试使用不同的学习率，观察损失函数值下降速度的变化情况。

（3）尝试对梯度下降的过程可视化。

（4）直接实现基于数学定义的 Softmax 函数可能会导致什么问题？提示：尝试计算 e^{50} 的大小。

第6章 决策树算法

本章概要

决策树是一种在分类和回归中应用广泛的算法，它的原理是通过对问题进行逐级分解和判断，得到最终结果。在每个步骤都进行类似 if...else 的推导，最后一步得到的结果就是判别结论。

随机森林是目前常用的一种集成学习算法。它将多棵决策树作为子树，利用子树进行训练，再对各子树结果进行汇总。

随机森林对于多维特征的分析效果较好，并且可以进行特征的重要程度分析，运行效率和准确率都较高。

本章主要讲解决策树算法的原理、核心要素，并将决策树推广到随机森林算法，对决策树和随机森林算法的模型实现以及结果可视化进行整体介绍。

学习目标

完成对本章的学习后，要求达到以下目标：

（1）了解决策树的基本原理；

（2）了解决策树的构建；

（3）熟悉决策树的实现方法；

（4）了解随机森林的原理、特点；

（5）理解随机森林的构造。

6.1 决策树

6.1.1 决策树的基本原理

1．决策树算法概述

决策树算法基于规则，通常使用一个规则或一组嵌套的规则进行判别。决策树是一种由节点和边构成的用来描述分类过程的层次数据结构。决策过程通常从根节点开始，逐步展开判别分支，形成一个倒着的树形结构，这也是决策树名称的由来。

树的根节点表示分类的开始，叶子节点表示一个实例的结束，中间节点表示相应实例中的某一属性，边表示某一属性可能的值。

在决策树中的每个决策分支都是一个判别操作，根据判别结果到达不同的树节点，反复执行直到到达某个叶子节点，当前叶子节点的结果就作为本次预测结果。

决策树是常用的机器学习算法，其核心思想是"分而治之"。以简单的分类任务为例，我们希望根据给定的数据集构建一个模型用以对新样本进行分类，这个把样本分类的任务，可看作对"当前样本属于……吗？"这个问题的判断决策过程。

决策树模仿人类面对问题时的自然决策过程，基于树结构来进行决策。下面来看一个简单的例子，我们要判断的问题是"这是加菲猫吗"，判别过程要采用一系列的判断或决策。

如图 6.1 所示，可以先看当前动物"毛是什么颜色"，如果是"橘色"，则再考察它的"体重是否大于 6kg"，如果"体重大于 6kg"，再判断它的"眼距是否大于 3cm"，最后我们得出的判别结果是"这是加菲猫"。

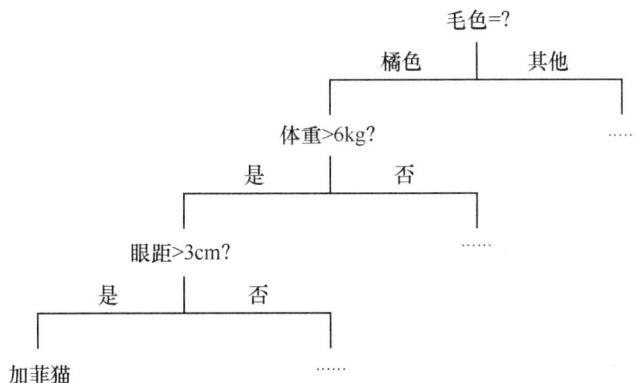

图 6.1　猫品种识别决策树

显然，决策过程的最终结论对应最终判别结果。决策树学习过程实际上是一个构造决策树的过程。

决策树采用分层结构，可以为每个节点赋予一个层次数。根节点的层次数为 0，子节点的层次数为父节点的层次数加 1。树的深度定义为所有节点的最大层次数。图 6.1 所示决策树的深度为 3，要得到一个决策结果最多经过 3 次判定。

决策树的优点是计算复杂度不高，输出结果易于理解，对中间值的缺失不敏感，可以处理不相关特征数据。决策树也有不足，例如有些决策树解决方案难以预测连续型的字段；对于有时间顺序的数据，需要进行很多预处理工作；当类别太多时，错误急剧增加；还可能产生过度匹配问题等。不过，总体来看，决策树是一种广泛使用的机器学习算法。典型的决策树有迭代二叉树三代（Iterative Dichotomiser 3，ID3）、C4.5、分类与回归树（Classification and Regression Tree，CART）等，它们的区别在于树的结构与构造算法不同。

2. 剪枝处理

如果决策树的结构比较复杂，为了提高训练样本的分类正确率，需要不断重复节点划分操作，这会造成决策树分支过多。这种情况下，由于训练样本学得"太好"了，可能导致把训练集自身的固有特征当作所有数据具有的普遍特征，从而导致过拟合。此时，可以通过主动去掉一些分支来降低过拟合。剪枝（Pruning）是决策树算法解决过拟合的主要手段。

剪枝的关键问题是确定削减哪些树节点，还要确定剪枝之后如何进行节点合并。决策树剪枝的常用方法有"预剪枝"和"后剪枝"。

预剪枝：在决策树生成过程中，在划分前先对每个节点进行估计，若当前节点的划分不能提高决策树性能，则停止划分并将当前节点标记为叶子节点。

后剪枝：先通过训练集生成一棵完整的决策树，然后自底向上地对非叶子节点进行考察，若将该节点对应的子树替换为叶子节点能提高决策树性能，则将该子树替换为叶子节点。

6.1.2 决策树的构建

在 sklearn 库中，可以使用 DecisionTreeRegressor 类和 DecisionTreeClassifier 类实现决策树。sklearn 只实现了预剪枝，没有实现后剪枝。

即使做了预剪枝，决策树也经常会出现过拟合并影响泛化性能。因此，在大多数应用中，往往使用集成方法来替代单棵决策树，例如随机森林（Random Forest）等。

在 sklearn 中，决策树使用 tree 子模块的 DecisionTreeClassifier()方法进行构建，默认使用 CART 算法，现对该函数进行说明。

① 基本格式如下。

```
sklearn.tree.DecisionTreeClassifier(criterion='gini',splitter='best',max_depth=
None,min_samples_split=2,min_samples_leaf=1,min_weight_fraction_leaf=0.0,max_features=
None,random_state=None,max_leaf_nodes=None,min_impurity_decrease=0.0,min_impurity_
split=None, class_weight=None, presort=False)
```

② 主要参数说明如下。

- criterion：选择节点划分质量的度量指标，默认值为'gini'，即基尼指数，也称为基尼不纯度；还可以设置为'log_loss'或'entropy'，表示信息增益。

- max_depth：设置决策树的最大深度，默认值为 None。None 表示不对决策树的最大深度进行约束，直到每个叶子节点上的样本均属于同一类，或者少于 min_samples_leaf 参数指定的叶子节点上的样本个数。也可以指定一个整型数值，设置树的最大深度，在样本数据量较大时，可以通过设置该参数提前结束树的生长，改善过拟合问题,但一般不建议这么做,过拟合问题还是通过剪枝来改善比较有效。

- min_samples_split：当对一个内部节点进行划分时，要设置该节点上的最小样本数，默认值为 2。

- min_samples_leaf：设置叶子节点上的最小样本数，默认值为 1。当尝试划分一个节点时，只有划分后其左、右分支上的样本个数不小于该参数指定的值，才考虑将该节点划分。换句话说，当叶子节点上的样本数小于该参数指定的值时，则该叶子节点及其兄弟节点将被剪枝。在样本数据量较大时，可以考虑增大该值，提前结束树的生长。

- max_features：划分节点、寻找最优划分属性时，设置允许搜索的最大属性个数，默认值为 None。假设训练集中包含的属性个数为 n，None 表示搜索这 n 个属性；'auto'表示最多搜索 $\sqrt{n}$ 个属性；'log2'表示最多搜索 $\log_2(n)$ 个属性；用户也可以指定一个整数 k，表示最多搜索 k 个属性。需要说明的是，尽管设置了参数 max_features，但是在至少找到一个有效（即在该属性上划分后，criterion 指定的度量标准有所提高）的划分属性之前，最优划分属性的搜索不会停止。

- random_state：当参数 splitter 设置为'random'时，可以通过该参数设置随机数种子，默认值为 None，表示使用 np.random 产生的随机数种子。

- max_leaf_nodes：设置决策树的最大叶子节点个数，该参数与 max_depth 等参数一起限制决策树的复杂度，默认值为 None，表示不加限制。

【例 6.1】决策树算法的应用。

本例基于 sklearn，使用鸢尾花数据集。训练决策树时需要指定一些参数，包括划分质量的度量指标、决策树的最大深度、允许划分的最小训练样本数等。我们只查看 max_depth 参数的使用，其他参数使用默认值。

例 6.1

代码如下：

```
import pandas as pd
import matplotlib.pyplot as plt
from sklearn.datasets import load_iris        # 数据集
from sklearn import tree                       # 决策树模型
from sklearn.model_selection import train_test_split
#加载鸢尾花数据集
iris = load_iris()
#分割数据集
X_train,X_test,y_train,y_test=train_test_split(iris.data,iris.target,test_size=
0.20,random_state=20)
#构建并训练决策树模型
clf = tree.DecisionTreeClassifier(max_depth=1) # 决策树分类器
clf = clf.fit(X_train,y_train)
#进行数据预测
print('数据[6 5 5 2]data 类别: ',clf.predict([[6,5,5,2]]))
```

运行结果如下：

数据[6 5 5 2]data 类别: [1]

下面使用交叉验证法进行性能评估。

代码如下：

```
#使用交叉验证法进行性能评估
from sklearn.model_selection import cross_val_score
```

```
cross_val_score(clf, iris.data, iris.target, cv=10) #10折交叉验证
```

得到的性能评估结果如下：

```
array([0.66666667, 0.66666667, 0.66666667, 0.66666667, 0.66666667,
       0.66666667, 0.66666667, 0.66666667, 0.66666667, 0.66666667])
```

然后绘制决策树模型图。

代码如下：

```
#绘制决策树模型图
plt.figure(dpi=200)
tree.plot_tree(clf,feature_names=iris.feature_names,class_names=iris.target_names)
```

绘制结果如图 6.2 所示。

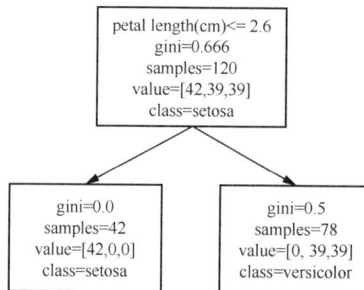

图 6.2　深度为 1 的鸢尾花决策树模型图

接下来将 max_depth 设置为 2，完整的代码如下：

```
import pandas as pd
import matplotlib.pyplot as plt
from sklearn.datasets import load_iris              # 数据集
from sklearn import tree                            # 决策树模型
from sklearn.model_selection import train_test_split
from sklearn.model_selection import cross_val_score

iris = load_iris()
X_train,X_test,y_train,y_test = train_test_split(iris.data,iris.target,test_size =
0.20,random_state = 20)

clf = tree.DecisionTreeClassifier(max_depth=2) # 决策树分类器
clf = clf.fit(X_train,y_train)

plt.figure(dpi=200)
tree.plot_tree(clf,feature_names=iris.feature_names,class_names=iris.target_names)

print('数据[6 5 5 2]data 类别: ',clf.predict([[6,5,5,2]]))
cross_val_score(clf, iris.data, iris.target, cv=10)
```

运行结果如下：

```
数据[6 5 5 2]data 类别: [2]
array([0.93333333, 0.93333333, 1.        , 0.93333333, 0.93333333,
       0.86666667, 0.86666667, 1.        , 1.        , 1.        ])
```

绘制结果如图 6.3 所示。

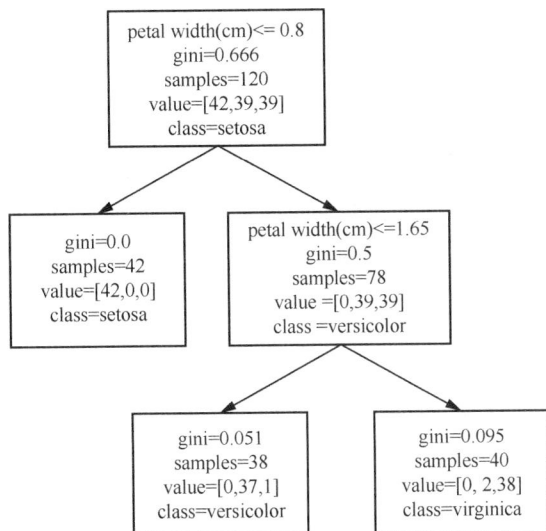

图 6.3　深度为 2 的鸢尾花决策树模型图

将 max_depth 设置为 5 时绘制的决策树模型图如图 6.4 所示。

接下来，我们将分类结果以分类图的形式显示。本例使用到的主要函数如下。

（1）meshgrid (x,y) 函数。

函数描述：由 NumPy 提供，能够根据参数 x、y 返回坐标矩阵。如果使用 Matplotlib 进行可视化，可以查看函数结果中网格化数据的分布情况。

参数：x 和 y 均为 ndarray 数组。

返回值：由参数 x、y 构造的坐标矩阵。

（2）ListedColormap(colors, name='from_list', N=None)函数。

函数描述：由 matplotlib.colors 模块提供，从 colors 列表或数组中生成 Colormap 对象。

参数说明如下。

● colors：列表或数组，可以是 Matplotlib 标准的颜色列表，也可以是等效的 RGB 或 RGBA 浮点数组。

● name：可选，字符串型，用来标记 Colormap 对象。

● N：可选，整型，表示 Colormap 对象的通道数。

返回值：Colormap 对象。

（3）pcolormesh(*args, alpha=None, norm=None, cmap=None, vmin=None, vmax=None, shading='flat', antialiased=False, data=None, **kwargs) 函数。

函数描述：由 matplotlib.pyplot 模块提供，能够使用非规则矩形网格创建伪色图。

主要参数说明如下。

● *args：包括 X、Y 参数，以及 C 参数。其中，参数 C 是一个二维数组，可以映射为 Colormap 对象；参数 X、Y 为参数 C 所填充区域的 4 个端点的坐标的集合。

● cmap：可选，Colormap 型或字符串型。若是字符串，则是已建立的 Colormap 对象的名称。

- shading：可选，指填充样式，取值为'flat'或'gouraud'。

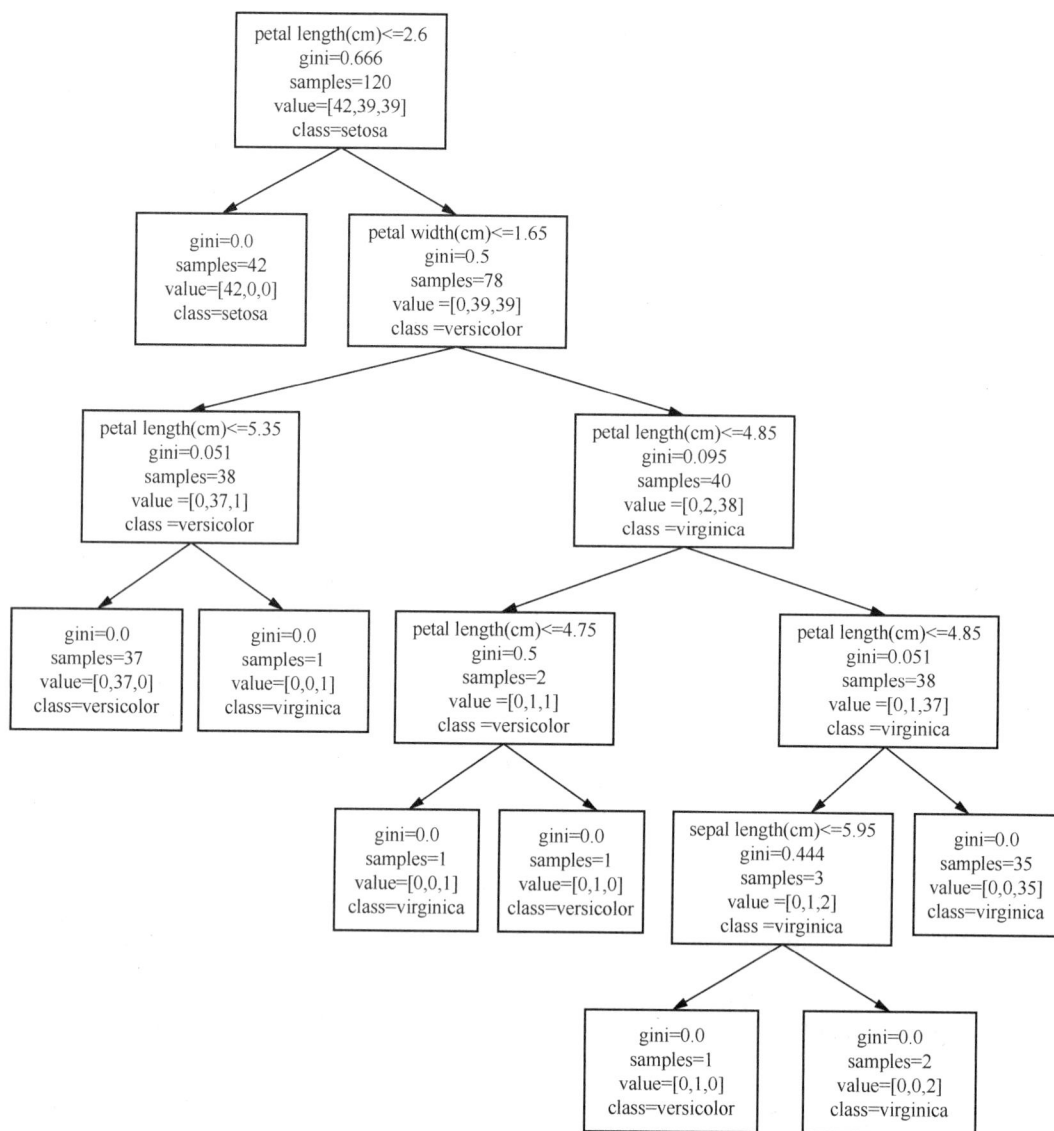

图 6.4　深度为 5 的鸢尾花决策树模型图

（4）ravel([order])函数。

函数描述：由 numpy.ndarray 模块提供，函数返回扁平化的一维数组。

参数 order：可选，指索引顺序，取值为 C、F 等，C 代表以行为主进行 C 语言风格的索引，F 代表以列为主进行 Fortran 语言风格的索引。

返回值：一维数组。

本例的完整代码如下：

```
#绘制分类图，将max_depth设置为5
```

```
import pandas as pd
import matplotlib.pyplot as plt
from sklearn.datasets import load_iris    # 数据集
from sklearn import tree                   # 决策树模型
from sklearn.model_selection import train_test_split
from sklearn.model_selection import cross_val_score

import numpy as np
from matplotlib.colors import ListedColormap

iris = load_iris()
irisData = iris.data[:, 2:]                                    # 花瓣长度、花瓣宽度特征
X_train,X_test,y_train,y_test = train_test_split(irisData,iris.target,test_size =
0.20,random_state = 20)

clf = tree.DecisionTreeClassifier(max_depth=5)  # 决策树分类器
clf = clf.fit(X_train,y_train)

#================绘制分类图====================
#定义图像中分区的颜色和散点的颜色
ColorMp = ListedColormap(['#550055', '#00AA00', '#FF00FF'])
ColorMpBd = ListedColormap(['#FF0000', '#FFAA00', '#00FFFF'])
#分别用样本的两个特征创建图像和横轴、纵轴
X_min, X_max = irisData[:, 0].min()-1, irisData[:, 0].max()-1
Y_min, Y_max = irisData[:, 1].min()-1, irisData[:, 1].max()-1
xx,yy = np.meshgrid(np.arange(X_min, X_max, 1/50),np.arange(Y_min, Y_max,1/50))
#给每个分类的样本分配不同的颜色
label = clf.predict(np.c_[xx.ravel(), yy.ravel()])
label = label.reshape(xx.shape)
#绘图并显示
plt.figure()
plt.pcolormesh(xx,yy,label,cmap=ColorMp)
#用散点把样本表示出来
#plt.scatter(irisData[:,0],irisData[:,1],c=iris.target,cmpap=ColorMpBd,edgecolor
='k',s=20)
plt.scatter(irisData[:,0],irisData[:,1],c=iris.target,edgecolor='k',s=10)
plt.xlim(xx.min(),xx.max())
plt.ylim(yy.min(),yy.max())
plt.title('DecisionTree:max_depth=5')
plt.show()
```

　　为方便绘图，只使用了花瓣长度、花瓣宽度两个特征，根据系统给出的随机方案，通常可以绘制出两类分类图。根据这两个特征绘制出的分类图如图 6.5 所示。

　　可以看出，决策树在鸢尾花数据集上表现良好。决策树实现简单、计算量小，且具有很强的可解释性。在模型训练后，所得到的树结构也符合人类解决问题时的直观思维，并且能够便捷地可视化，便于数据分析。

　　决策树也有不足，即便我们在建立决策树模型时可以通过设置参数来对决策树进行结构设置甚至预剪枝处理，但是决策树仍不可避免地会出现过拟合的问题，一定程度上降低了模型的泛化性能。

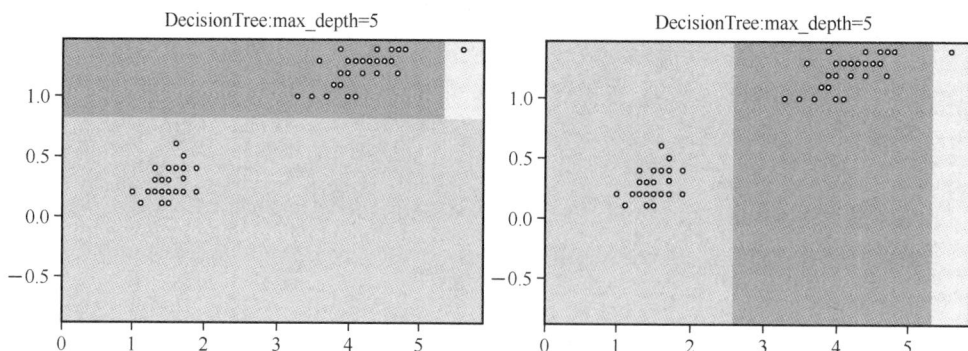

图 6.5 绘制出的分类图

决策树算法被广泛应用，常见的有 ID3 算法和 ID3 的改进算法——C4.5 算法。除了单独使用决策树算法之外，还可以和其他算法相结合。例如，将决策树算法和回归算法组成 CART 算法。另外，决策树算法也可以作为弱分类器用于 AdaBoost 等集成学习算法中。

6.2 CART 算法

决策树中广泛应用的算法是 CART 算法。

CART 算法是决策树家族中的基础算法，是决策树的一种实现，既可用于分类，也可用于回归。它是一种二分递归分割算法，能把当前样本划分为两个子样本（即使特征有多个取值，也可把数据分为两部分，当前被划分至同一部分的特征在之后的分割过程中将有机会被划分），使得生成的每个非叶子节点都有两个分支。因此使用 CART 算法生成的决策树是结构简单的二叉树。

CART 算法假设决策树是二叉树，内部节点特征的取值为"是"或"否"，左分支是取值为"是"的分支，右分支是取值为"否"的分支。这样的决策树等价于递归地二分每个特征，将输入空间（即特征空间）划分为有限个单元，并在这些单元上确定预测的概率分布，也就是在输入给定的条件下输出的条件概率分布。

CART 算法既可以处理离散型问题，也可以处理连续型问题。这种算法在处理连续型问题时，主要通过使用二元切分来处理连续型变量，即特征值大于判别值就走左子树，否则走右子树。

作为广泛应用的算法，CART 算法具有很多优点：

（1）能生成易于理解的规则；

（2）计算量相对较小；

（3）能够处理连续数据和离散数据；

（4）能给出各特征的重要程度。

同时，CART 算法也有一些缺点：

（1）对连续型字段较难预测；

（2）需要对时间序列数据进行预处理；

（3）当问题的类别数增加时，错误率可能会提高。

6.2.1　CART 算法基础

CART 算法在构建预测模型时，模型以二叉树的形式给出，易于理解、使用和解释，采用的方法与传统统计方法完全不同。构建的预测模型在很多情况下比基于数学的预测规则更准确。不仅如此，当数据越复杂、变量越多时，CART 算法的优越性就越显著。

CART 算法被称为数据挖掘领域内里程碑式的算法，既可用于分类，也可用于回归。CART 算法包含决策树生成和决策树剪枝两个主要步骤，简要流程如下。

1．决策树生成

（1）依次遍历每个特征的可能值，对每个特征/值组合计算其分类树或回归树。
（2）选择最优特征/值组合，以其为依据，将当前的数据集划分成两个子集。
（3）对划分出的两个子集分别递归执行（1）和（2），直至满足停止条件，生成决策树。

2．决策树剪枝

（1）从决策树底端开始不断剪枝，直到决策树的根节点形成一个子树序列。
（2）通过交叉验证法在独立的验证集上对子树序列进行测试，从中选择最优子树。

6.2.2　CART 算法的实现

CART 算法模型的建立可以使用 sklearn 中 tree 子模块的 DecisionTreeClassifier() 函数。

【例 6.2】使用 CART 算法预测正弦函数的值。

生成 100 个 0 到 1 的随机数，将其排序后计算出对应的正弦值；再以这组排序的随机数、正弦值为训练数据，分别使用深度 2、深度 5 训练决策树模型；最后使用训练好的模型对包含 500 个随机数的序列进行预测，并绘制结果图。

代码如下：

```
import numpy as np
from sklearn.tree import DecisionTreeRegressor
import matplotlib.pyplot as plt


# （1）创建正弦函数
rng=np.random.RandomState(1)          #指定随机种子，每次随机数是相同模式
x=np.sort(5*rng.rand(100,1),axis=0)    #生成 100 个随机数并排序
y=np.sin(x).ravel()                    #将随机数的正弦值转换成一维形式


fig=plt.figure(figsize=(6,4))
plt.scatter(x,y,c='b')
plt.show()
```

```
# （2）添加噪声
y[::5]+=rng.rand(20)#为间隔为 5 的 20 个数添加噪声
plt.scatter(x,y,c='b')
plt.show()


# （3）建立模型，深度为 2
Regr = DecisionTreeRegressor(max_depth=2)
Regr.fit(x, y)


# （4）训练模型并预测结果
X_test = np.arange(0.0, 5.0, 0.01)
X_test =X_test.reshape(500,1)                    #转换为二维数组
Y = Regr.predict(X_test)


# （5）显示预测结果
plt.figure()
plt.scatter(x,y,s=20,c="red", label="data")   #绘制散点图
plt.plot(X_test, Y, color="blue",label="max_depth=2", linewidth=2)   #绘制折线图
plt.xlabel("x")
plt.ylabel("y")
plt.title("Decision Tree Regression")
plt.legend()
plt.show()
```

程序运行后，得到 100 个随机数产生的正弦曲线图，如图 6.6 所示。

添加正数的噪声后，产生的正弦曲线图如图 6.7 所示。

使用深度为 2 的 CART 算法对作为测试数据的 500 个随机数进行预测，得到的结果如图 6.8 所示。

可以看出，对测试数据的预测结果近似呈阶梯分布，误差较大。

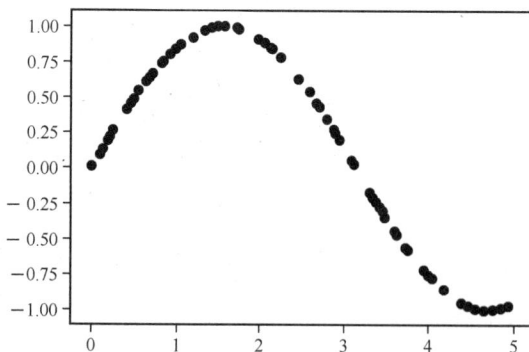

图 6.6　100 个随机数产生的正弦曲线图

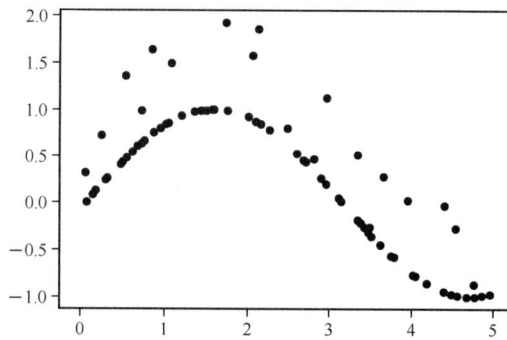

图 6.7　添加正数的噪声后的正弦曲线图

接下来，将 CART 算法的深度设置为 5，重新对 500 个测试数据进行预测，得到的结果如图 6.9 所示。

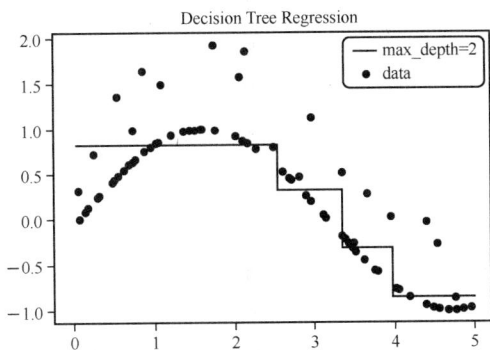

图 6.8　深度为 2 的 CART 结果　　　　　图 6.9　深度为 5 的 CART 结果

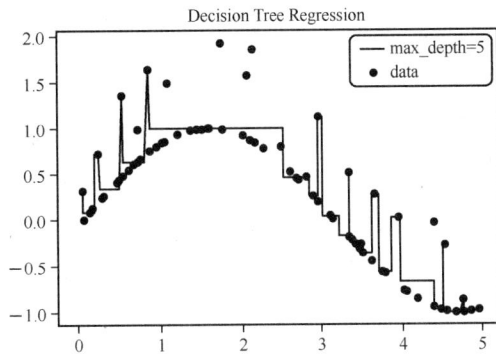

可以看出，对测试数据的预测结果呈现出刺突状，相对于阶梯状在准确度方面有所提高。

【例 6.3】绘制 CART 结构图。

对例 6.2 进行修改，显示出 CART 结构图。这里使用 graphviz 模块，需要先在官网下载 graphviz。在安装的过程中，需要确认已经将路径添加到系统环境变量。

代码如下：

```
import numpy as np
from sklearn.tree import DecisionTreeRegressor
import matplotlib.pyplot as plt
#增加两个模块
from sklearn import tree
import graphviz
# （1）创建正弦函数
rng=np.random.RandomState(1)              #指定随机种子，每次随机数是相同模式
x=np.sort(5*rng.rand(100,1),axis=0)       #生成 100 个随机数并排序
y=np.sin(x).ravel()                       #将随机数的正弦值转换成一维形式

fig=plt.figure(figsize=(6,4))
plt.scatter(x,y,c='b')
plt.show()

# （2）添加噪声
y[::5]+=rng.rand(20)                       #为间隔为 5 的 20 个数添加噪声
plt.scatter(x,y,c='b')
plt.show()

# （3）建立模型，深度为 2
Regr = DecisionTreeRegressor(max_depth=2)
Regr.fit(x, y)

# （4）训练模型并预测结果
```

```
X_test = np.arange(0.0, 5.0, 0.01)
X_test =X_test.reshape(500,1)          #转换为二维数组
Y = Regr.predict(X_test)

#（5）显示预测结果
plt.figure()
plt.scatter(x,y,s=20,c="red", label="data")                          #绘制散点图
plt.plot(X_test, Y, color="blue",label="max_depth=2", linewidth=2)  #绘制折线图
plt.xlabel("x")
plt.ylabel("y")
plt.title("Decision Tree Regression")
plt.legend()
plt.show()

#（6）显示CART形状
dot_data = tree.export_graphviz(Regr,filled=True,rounded = True)
graph = graphviz.Source(dot_data)
graph
```

绘制出的深度为 2 的决策树结构图如图 6.10 所示。

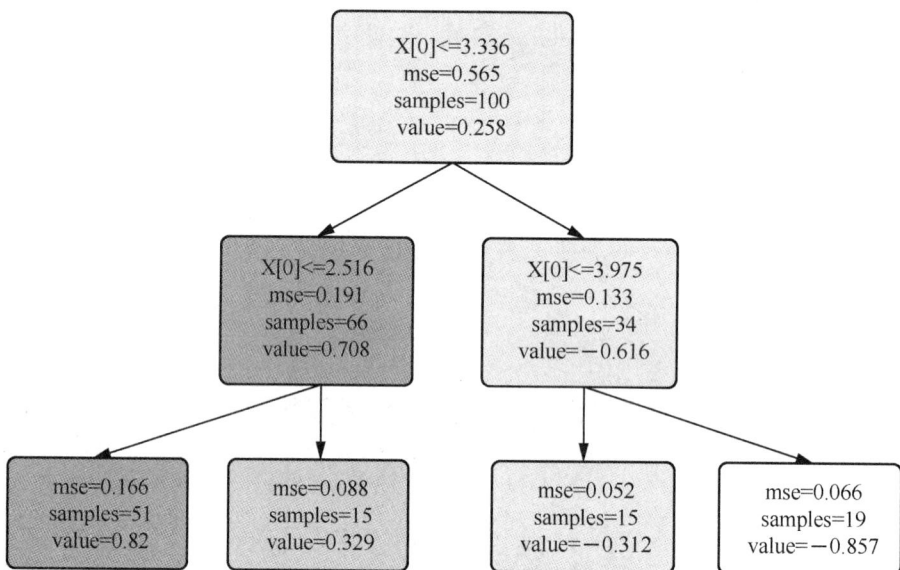

图 6.10　深度为 2 的决策树结构图

从图 6.10 可以查看在深度为 2 的情况下，CART 每个节点的信息。接下来，也可以修改树的 max_depth 参数，查看不同深度 CART 的结构。

【例 6.4】使用 CART 算法解决红酒数据集分类问题。

红酒数据集是 sklearn 提供的标准数据集，可以用来测试分类算法的性能。该数据集为意大利同一地区生产的 3 个不同种类的红酒的成分数据，为了解决人工评审红酒分类时容易产生错误的问题，提高分类效率，对其 178 条数据进行分析处理，其中有 13 个成分特征。

红酒数据集中是 double 型的 178×14 矩阵，包括 3 种酒中 13 种不同成分的含量。文件中，每行代表一种酒的样本，共有 178 个样本，一共有 14 列。其中，第一个属性是类别，分别用 1、2、3 来表示，代表红酒的 3 个分类。剩余的 13 个属性是酒精、苹果酸、灰分、灰分的碱度、镁、总酚、类黄酮、非类黄酮酚类、原花青素、颜色强度、色调、稀释红酒的 OD280/OD315、脯氨酸。其中第 1 种酒有 59 个样本，第 2 种酒有 71 个样本，第 3 种酒有 48 个样本。红酒数据集主要特征描述如表 6.1 所示。

表 6.1   红酒数据集主要特征描述

编号	属性	描述
1	Class	类别，样本的标签
2	Alcohol	酒精
3	Malic acid	苹果酸
4	Ash	灰分
5	Alcalinity of ash	灰分的碱度
6	Magnesium	镁
7	Total phenols	总酚
8	Flavanoids	类黄酮
9	Nonflavanoid phenols	非类黄酮酚类
10	Proanthocyanins	原花青素
11	Color intensity	颜色强度
12	Hue	色调
13	OD280/OD315 of diluted wines	稀释红酒的 OD280/OD315
14	Proline	脯氨酸

这是一个多分类问题，可以用分类算法（如回归、随机森林等）来解决。红酒数据集的分类数据是不均衡的，例如正常红酒的数量比优质或差的红酒的数量多，所以在处理时需要注意不均衡数据集可能需要的一些处理。

首先加载数据集。

代码如下：

```
import pandas as pd
from sklearn import tree
from sklearn.datasets import load_wine
from sklearn.model_selection import train_test_split
wine = load_wine()
wine
```

运行结果如下：

```
{'data': array([[1.423e+01, 1.710e+00, 2.430e+00, ..., 1.040e+00, 3.920e+00,
      1.065e+03],
    [1.320e+01, 1.780e+00, 2.140e+00, ..., 1.050e+00, 3.400e+00,
      1.050e+03],
    [1.316e+01, 2.360e+00, 2.670e+00, ..., 1.030e+00, 3.170e+00,
```

决策树算法 | 第 6 章

```
            1.185e+03],
       ...,
       [1.327e+01, 4.280e+00, 2.260e+00, ..., 5.900e-01, 1.560e+00,
            8.350e+02],
       [1.317e+01, 2.590e+00, 2.370e+00, ..., 6.000e-01, 1.620e+00,
            8.400e+02],
       [1.413e+01, 4.100e+00, 2.740e+00, ..., 6.100e-01, 1.600e+00,
            5.600e+02]]),
 'target': array([0, 0, 0, 0, 0, 0, 0, 0, 0, 0, 0, 0, 0, 0, 0, 0, 0, 0, 0, 0, 0,
       0, 0, 0, 0, 0, 0, 0, 0, 0, 0, 0, 0, 0, 0, 0, 0, 0, 0, 0, 0, 0, 0, 0,
       0, 0, 0, 0, 0, 0, 0, 0, 0, 0, 0, 0, 0, 0, 0, 1, 1, 1, 1, 1, 1, 1,
       1, 1, 1, 1, 1, 1, 1, 1, 1, 1, 1, 1, 1, 1, 1, 1, 1, 1, 1, 1, 1, 1,
       1, 1, 1, 1, 1, 1, 1, 1, 1, 1, 1, 1, 1, 1, 1, 1, 1, 1, 1, 1, 1, 1,
       1, 1, 1, 1, 1, 1, 1, 1, 1, 1, 1, 1, 1, 1, 1, 1, 1, 1, 1, 1, 2, 2,
       2, 2, 2, 2, 2, 2, 2, 2, 2, 2, 2, 2, 2, 2, 2, 2, 2, 2, 2, 2, 2, 2,
       2, 2, 2, 2, 2, 2, 2, 2, 2, 2, 2, 2, 2, 2, 2, 2, 2, 2, 2, 2, 2, 2,
       2, 2]),
 'frame': None,
 'target_names': array(['class_0', 'class_1', 'class_2'], dtype='<U7'),
 'DESCR':…_wine_da taset:/n/nWine recognition dataset/n ………………………
/n/n**Data Set Characteristics:**/n/n  :Nnmber of Inst ances:178(50 in each of three
classes)/n       :Number of Attributes:13 numeric,predictive attributes and the
class/n  :Attribute Infor
 }
```

接下来，将红酒数据集的特征和标签组合成 DataFrame 数据结构。

代码如下：

```
pd.concat([pd.DataFrame(wine.data),pd.DataFrame(wine.target)],axis = 1)
```

运行结果如下：

```
       0     1     2     3      4     5     6     7     8          9    10    11      12    0
000  14.23  1.71  2.43  15.6  127.0  2.80  3.06  0.28  2.29   5.640000  1.04  3.92  1065.0  0
1    13.20  1.78  2.14  11.2  100.0  2.65  2.76  0.26  1.28   4.380000  1.05  3.40  1050.0  0
2    13.16  2.36  2.67  18.6  101.0  2.80  3.24  0.30  2.81   5.680000  1.03  3.17  1185.0  0
3    14.37  1.95  2.50  16.8  113.0  3.85  3.49  0.24  2.18   7.800000  0.86  3.45  1480.0  0
4    13.24  2.59  2.87  21.0  118.0  2.80  2.69  0.39  1.82   4.320000  1.04  2.93   735.0  0
5    14.20  1.76  2.45  15.2  112.0  3.27  3.39  0.34  1.97   6.750000  1.05  2.85  1450.0  0
...
173  13.71  5.65  2.45  20.5   95.0  1.68  0.61  0.52  1.06   7.700000  0.64  1.74   740.0  2
174  13.40  3.91  2.48  23.0  102.0  1.80  0.75  0.43  1.41   7.300000  0.70  1.56   750.0  2
175  13.27  4.28  2.26  20.0  120.0  1.59  0.69  0.43  1.35  10.200000  0.59  1.56   835.0  2
176  13.17  2.59  2.37  20.0  120.0  1.65  0.68  0.53  1.46   9.300000  0.60  1.62   840.0  2
177  14.13  4.10  2.74  24.5   96.0  2.05  0.76  0.56  1.35   9.200000  0.61  1.60   560.0  2

178 rows × 14 columns
```

可以看出，完整数据集共有 178 条记录，14 列。接下来查看特征的名称。

代码如下：

```
wine.feature_names #特征名称
```

特征名称的显示结果如下：

```
['alcohol',
 'malic_acid',
 'ash',
 'alcalinity_of_ash',
 'magnesium',
 'total_phenols',
 'flavanoids',
 'nonflavanoid_phenols',
 'proanthocyanins',
 'color_intensity',
 'hue',
 'od280/od315_of_diluted_wines',
 'proline']
```

然后，对数据集进行拆分。并建立 CART 模型，使用拆分得到的训练集对模型进行训练，使用拆分得到的测试集对模型进行测试。

代码如下：

```
Xtrain, Xtest, Ytrain, Ytest = train_test_split(wine.data,wine.target,test_size =
0.3)                                              #拆分数据集
clf = tree.DecisionTreeClassifier(criterion = "entropy")    #建立模型
clf = clf.fit(Xtrain, Ytrain)                      #训练模型
score = clf.score(Xtest, Ytest)                    #评估模型在测试集上的性能
score
```

可以得到模型性能为 0.9814814814814815。

最后，对 CART 的结构进行可视化。

代码如下：

```
import graphviz
feature_name = ['酒精','苹果酸','灰分','灰分的碱度','镁','总酚','类黄酮','非类黄酮酚类',
'原花青素','颜色强度','色调','稀释红酒的 OD280/OD315 ','脯氨酸']
dot_data = tree.export_graphviz(clf
                        ,feature_names = feature_name
                        ,class_names = ["红酒一","红酒二","红酒三"]
                        ,filled = True   # 设置类别填充颜色
                        ,rounded = True   #用圆角矩形
                        )
graph = graphviz.Source(dot_data)
graph
```

得到的 CART 如图 6.11 所示。

图 6.11 中，使用"红酒一""红酒二""红酒三"来代替红酒数据集中的 3 个红酒类别。由于随机参数是默认的，所以每次运行结果可能会不同。总体来看，CART 算法对红酒数据集具有较好的分类效果。

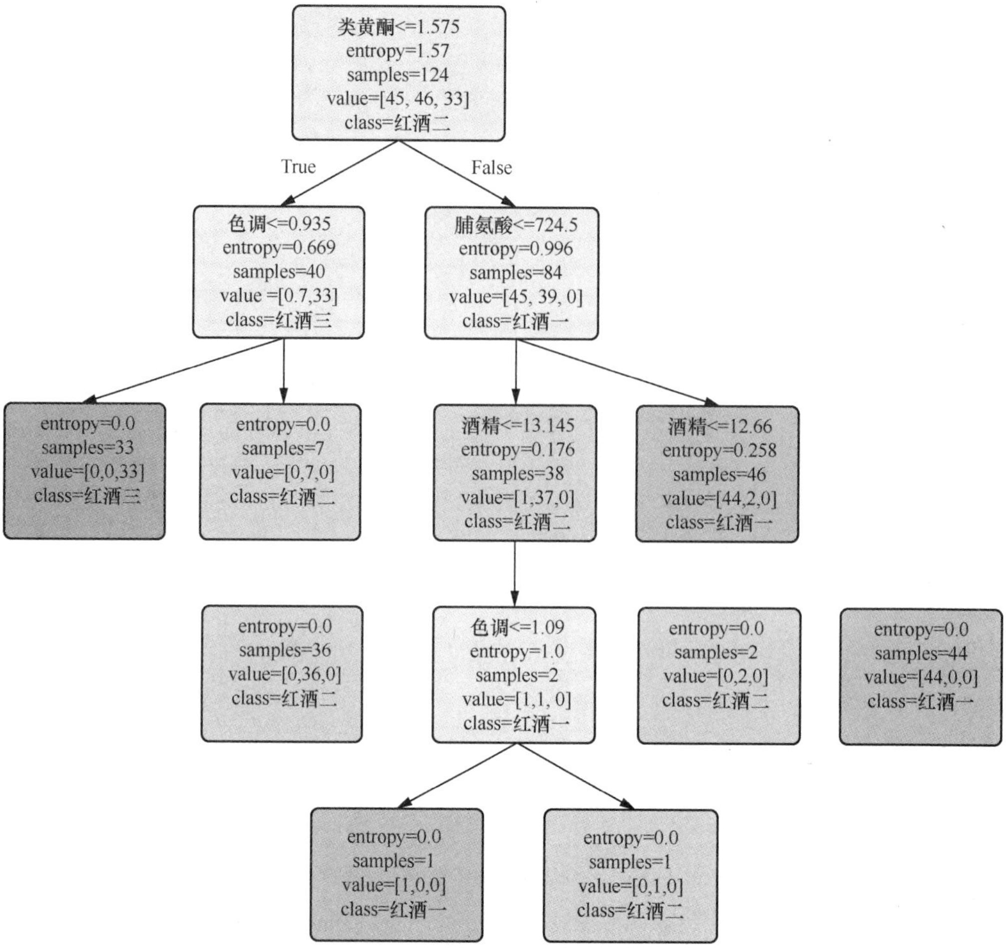

图 6.11　红酒分类问题的 CART

6.3 随机森林算法

6.3.1　集成学习

为了处理决策树过拟合的问题，通常在实际问题中使用集成学习算法，例如随机森林算法。

随机森林有时候被称为随机决策森林，是一种集成学习算法。通俗理解，集成学习就是指将多个机器学习算法综合在一起，通过叠加等处理构成一个集成模型的处理手段。机器学习领域的集成学习算法有很多，例如随机森林、梯度提升决策树（Gradient Boosting Decision Tree，GBDT）、Adaboost 等。

6.3.2　随机森林算法原理

随机森林分类器最早由利奥·布雷曼（Leo Breiman）和阿黛尔·卡特勒（Adele Cutler）

提出，指的是利用多棵树对样本进行训练并预测的一种分类器。其采用的原理是"集思广益"，当一棵决策树的预测效果不稳定时，采用多棵决策树构成"森林"的思想来提高模型的决策能力。随机森林结构如图 6.12 所示。

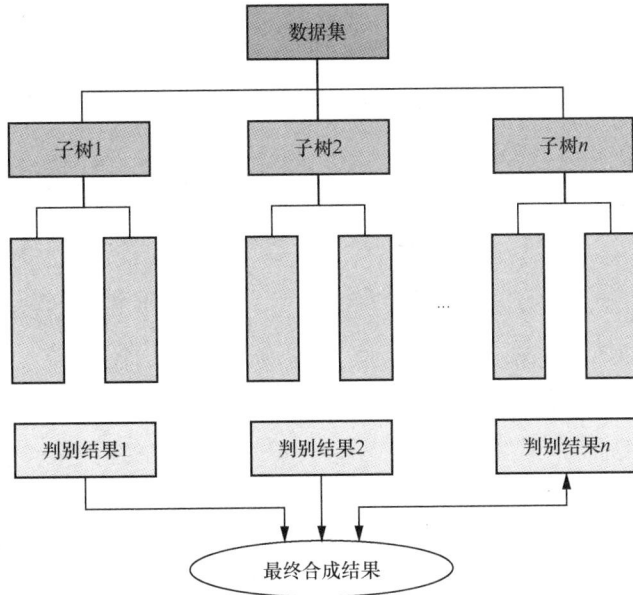

图 6.12　随机森林结构

随机森林是以决策树、Bagging 集成为基础构建而成的。Bagging 集成是指从数据里抽取出自举样本，即有放回的随机样本，可以根据每个样本建立一个模型，最终的模型结果是所有单个模型结果的平均值。可以理解成随机森林获取其中每棵决策树的预测结果，最后取其平均值，这样既可以保留决策树的工作成果，还可以降低过拟合。Bagging 决策树算法通过降低方差得到稳定的模型，这种方法可提高精度、降低模型过拟合。

随机森林中的随机指的是决策树的训练过程中引入了随机属性选择，森林指的是许多决策树的集合。随机森林算法既可以用于分类，也可以用于回归。

6.3.3　随机森林的构建

随机森林的构建基础是树结构。假设原始样本集为 $D(X,Y)$，样本个数为 n，要建立 k 棵树，随机森林的构建过程如下。

（1）抽取样本集：从原始训练集中随机、有放回地抽取 n 个样本（子训练集）并重复 n 次，每一个样本被抽中的概率为 $1/n$。剩下的样本组成袋外（Out Of Bag，OOB）数据集，作为最终的测试集。

（2）抽取特征：从总数为 M 的特征集合中随意抽取 m 个组成特征子集，其中 $m<M$。

（3）特征选择：计算节点数据集中每个特征对该数据集的基尼指数，选择基尼指数最小的特征及其对应的切分点作为最优特征与最优切分点（一般方法有 ID3、CART 和信息增益率），从节点生成两个子节点，将剩余训练数据分配到两个子节点中。

（4）生成决策树：在每个子节点的样本子集中重复执行步骤（3），递归地进行节点分割，直到生成所有叶子节点。

（5）形成随机森林：重复执行步骤（2）～（4），得到 k 棵不同的决策树。

（6）测试数据：每一棵决策树都用于对测试集中的每一条数据进行分类，统计 k 个分类结果，票数最多的类别即该样本的最终类别。

在 sklearn 中，可以使用集成模块 ensemble 的 RandomForestClassifier()方法来创建随机森林模型。

① 基本格式如下。

```
sklearn.ensemble.RandomForestClassifier(n_estimators=100, *, criterion='gini',
max_depth=None, min_samples_split=2, min_samples_leaf=1, min_weight_fraction_leaf=0.0,
max_features='sqrt', max_leaf_nodes=None, min_impurity_decrease=0.0, bootstrap=True,
oob_score=False,n_jobs=None,random_state=None,verbose=0,warm_start=False,class_weight
=None, ccp_alpha=0.0, max_samples=None)
```

② 主要参数说明如下。

● n_estimators：整型，森林中树的数量。

● max_depth：整型，树的最大深度。

● max_features：在寻找最佳分割时要考虑的特征数量。如果是整数，则每次切分只考虑 max_features 个特征，超出的特征会被舍弃。

【例6.5】使用随机森林算法解决鸢尾花数据集分类问题。

使用随机森林算法来进行鸢尾花分类，代码如下：

例 6.5

```
from sklearn import datasets, ensemble
import numpy as np
iris=datasets.load_iris()
iris_data=iris['data']
iris_label=iris['target']
X=np.array(iris_data)
Y=np.array(iris_label)
clf = ensemble.RandomForestClassifier(max_depth=5, n_estimators=1, max_features=1)
clf.fit(X,Y)
print(clf.predict([[4.1, 2.2, 2.3, 5.4]]))

for name, score in zip(iris['feature_names'], clf.feature_importances_):
    print(name, score)
```

运行结果如下：

```
[1]
sepal length (cm) 0.09576846336498053
sepal width (cm) 0.022259163641460966
petal length (cm) 0.44529355682800514
petal width (cm) 0.4366788161655535
```

对测试集进行预测，代码如下：

```
#预测测试集
from sklearn import metrics
```

```
y_pred_rf = clf.predict(X_test)
print(metrics.accuracy_score(y_test, y_pred_rf)) # 输出准确率
```

运行结果如下：

```
0.9666666666666667
```

准确率约为 0.96，其中 4 个特征中花瓣长度和花瓣宽度重要程度分值较大，说明其重要性较大。

【例 6.6】使用随机森林算法进行红酒数据集分类。

红酒数据集中的所有特征并不都是相关的，因此我们在进行数据预处理时，为了获得更好的处理结果，可以先进行特征选择。特征选择就是依据数据集各个特征的重要程度进行筛选，保留重要的特征。下面我们先获取数据集，并进行数据的基本查看。

代码如下：

```
%matplotlib inline
import numpy as np
import pandas as pd
from sklearn.model_selection import train_test_split
from sklearn.ensemble import RandomForestClassifier
import matplotlib.pyplot as plt

url1 = pd.read_csv(r'wine.txt',header=None) #读取红酒数据集
df = pd.DataFrame(url1)                      #转换为易处理的 DataFrame 格式
df.columns = ['Class label', 'Alcohol', 'Malic acid', 'Ash', 'Alcalinity of ash',
'Magnesium', 'Total phenols', 'Flavanoids', 'Nonflavanoid phenols', 'Proanthocyanins',
'Color intensity', 'Hue', 'OD280/OD315 of diluted wines', 'Proline']  #设置标题
print('Wine Dataset:===========================\n',df)              #查看标题
Class_label = np.unique(df['Class label'])#
print('Class_label:===========================\n',Class_label)      #查看数据
print('type of url1:===========================\n',type(df))        #查看数据类型
```

本例先读取红酒数据集，进行数据查看和拆分，查看全部的 178 行数据，结果中的前 7 行数据如下：

```
Wine Dataset:===========================
   Class label  Alcohol  Malic acid  Ash  Alcalinity of ash  Magnesium  \
0            1    14.23        1.71  2.43               15.6        127
1            1    13.20        1.78  2.14               11.2        100
2            1    13.16        2.36  2.67               18.6        101
3            1    14.37        1.95  2.50               16.8        113
4            1    13.24        2.59  2.87               21.0        118
5            1    14.20        1.76  2.45               15.2        112
6            1    14.39        1.87  2.45               14.6         96

......
   Total phenols  Flavanoids  Nonflavanoid phenols  Proanthocyanins  \
0           2.80        3.06                  0.28             2.29
1           2.65        2.76                  0.26             1.28
2           2.80        3.24                  0.30             2.81
3           3.85        3.49                  0.24             2.18
4           2.80        2.69                  0.39             1.82
```

```
5          3.27       3.39                    0.34              1.97
6          2.50       2.52                    0.30              1.98
......
Color intensity  Hue  OD280/OD315 of diluted wines  Proline
0          5.640000  1.04                   3.92              1065
1          4.380000  1.05                   3.40              1050
2          5.680000  1.03                   3.17              1185
3          7.800000  0.86                   3.45              1480
4          4.320000  1.04                   2.93               735
5          6.750000  1.05                   2.85              1450
6          5.250000  1.02                   3.58              1290
......
[178 rows x 14 columns]
Class_label:===========================
 [1 2 3]
type of url1:===========================
 <class 'pandas.core.frame.DataFrame'>
```

接下来拆分数据集，并使用随机森林模型对数据集进行训练，得到各特征的重要程度。将各特征的重要程度进行显示并可视化。

代码如下：

```
# 将数据集拆分为训练集和测试集
url1 = df.values#
x = url1[:,0]#
y = url1[:,1:]
x,y = df.iloc[:,1:].values,df.iloc[:,0].values
x_train,x_test,y_train,y_test=train_test_split(x,y,test_size=0.3,random_state=0)
feat_labels = df.columns[1:]

forest=RandomForestClassifier(n_estimators=1000,random_state=0,n_jobs=-1)
forest.fit(x_train, y_train)                     #训练随机森林模型
importances = forest.feature_importances_        #获取各特征的重要程度
print("重要程度: ",importances)

#根据重要程度进行排序并显示
x_columns = df.columns[1:]
indices = np.argsort(importances)[::-1]
for f in range(x_train.shape[1]):
    print("%2d)%-*s%.4f"%(f+1,30,feat_labels[indices[f]],importances[indice s[f]]))

# 将各特征的重要程度可视化
plt.figure(figsize=(10,6))
plt.title("红酒数据集各特征的重要程度",fontsize = 18)
plt.ylabel("import level",fontsize = 15,rotation=90)
plt.rcParams['font.sans-serif'] = ["SimHei"]     #中文字体
plt.rcParams['axes.unicode_minus'] = False
for i in range(x_columns.shape[0]):
    plt.bar(i,importances[indices[i]],color='pink',align='center')  #重要程度以条形图显示
plt.xticks(np.arange(x_columns.shape[0]),feat_labels[indices],rotation=90,fontsize=15)
                                                                 #设置 x 轴
plt.show()
```

运行结果如下:

重要程度: [0.1035087 0.02364533 0.01275179 0.03247986 0.02220104 0.05952955
0.14906569 0.01587654 0.02196732 0.19058338 0.07193082 0.13721404
0.15924594]

```
1)Color intensity                0.1906
2)Proline                        0.1592
3)Flavanoids                     0.1491
4)OD280/OD315 of diluted wines   0.1372
5)Alcohol                        0.1035
6)Hue                            0.0719
7)Total phenols                  0.0595
8)Alcalinity of ash              0.0325
9)Malic acid                     0.0236
10)Magnesium                     0.0222
11)Proanthocyanins               0.0220
12)Nonflavanoid phenols          0.0159
13)Ash                           0.0128
```

各特征的重要程度以及可视化图表如图 6.13 所示。

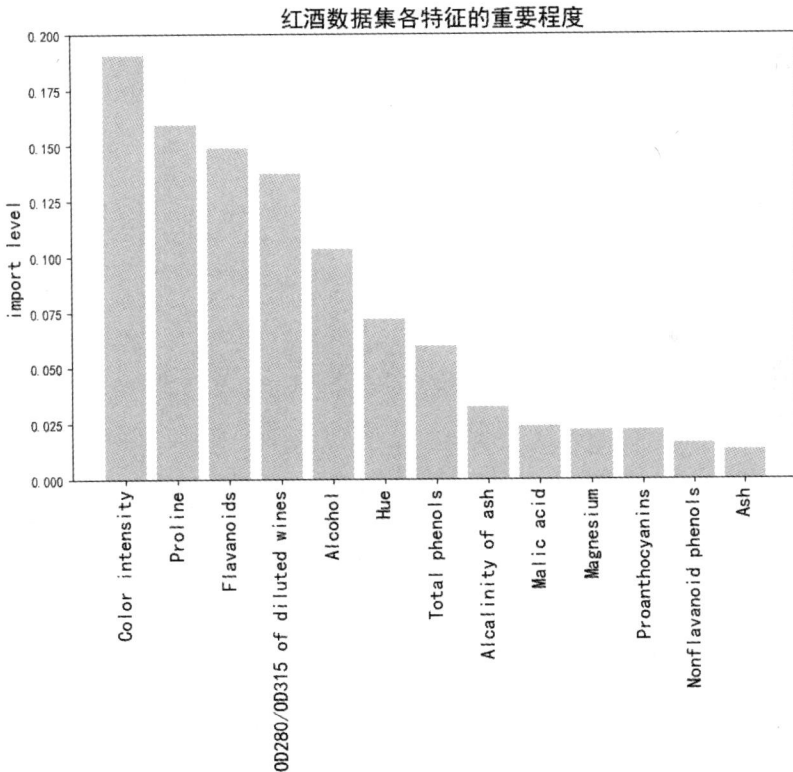

图 6.13 各特征的重要程度以及可视化图表

可以看出,在数据集的各个特征中,对红酒品质影响最大的是 Color intensity (颜色强度)特征,其次是 Proline (脯氨酸)和 Flavanoids (类黄酮)特征。

为了解模型的性能,使用 sklearn.metrics 模块中的 f1_score()函数测试模型的 F1 指数,使用 accuracy_score()函数测试模型的准确率,并使用 plot_confusion_ matrix()函数绘制结果的混淆矩阵。

代码如下：

```
import confusion_matrix
from sklearn.metrics import f1_score, accuracy_score, plot_confusion_matrix
predictions = forest.predict(x_test)
print(accuracy_score(y_test, predictions))
print(f1_score(y_test, predictions, average='macro'))
plt.rcParams['font.size'] = '16'
fig, ax = plt.subplots(figsize=(10, 10))
plot_confusion_matrix(forest,x_test, y_test,cmap=plt.cm.Blues,ax=ax)
```

得到的模型结果如下，混淆矩阵如图 6.14 所示。

```
0.9814814814814815
0.9799023830031581
```

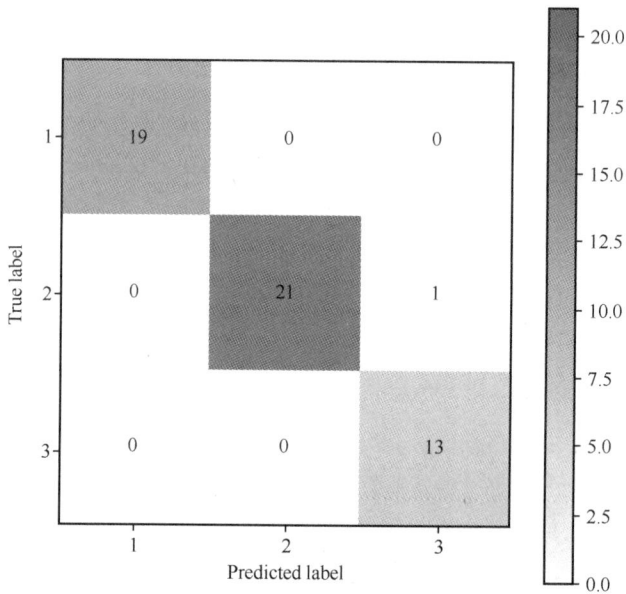

图 6.14　红酒分类问题的混淆矩阵

可以看出，随机森林模型在红酒数据集上的 F1 指数约为 0.98，准确率也接近 0.98，具有较好的分类效果。

6.3.4　随机森林的特点

目前在机器学习领域，随机森林是解决分类和回归问题时应用非常广泛的算法之一，可以说随机森林功能非常强大。

随机森林的优点如下。

（1）训练可以高度并行化，对于大数据时代的大样本训练有优势。这是主要的优点。

（2）由于可以随机选择决策树节点划分特征，在样本特征维度很高的时候，仍然能高效地训练模型。

（3）在训练后，可以给出各个特征对于输出的重要性。

（4）由于采用了随机采样，训练出的模型的方差小，泛化能力强。

（5）相对于 Boosting 系列的 Adaboost 和 GBDT 算法，随机森林的实现比较简单。

（6）对部分特征缺失不敏感。

随机森林也有缺点，如下。

（1）在某些噪声比较大的样本集上，随机森林模型容易出现过拟合。

（2）取值划分比较多的特征容易对随机森林模型的决策产生更大的影响，从而影响拟合的模型的效果。

6.4 课后习题

1. 单项选择题

（1）决策树的核心思想是（   ）。

A. 分而治之　　　　　B. 聚类　　　　　C. 概率　　　　　D. 集成学习

（2）剪枝用于解决决策树算法中的（   ）问题。

A. 欠拟合　　　　　B. 运行慢　　　　　C. 过拟合　　　　　D. 数据噪声大

2. 填空题

（1）在决策树结构中，根据判别结果依次到达不同的树节点，反复执行最后在_____节点结束判别。

（2）决策树剪枝的常用方法有预剪枝和_____。

第 7 章　深度学习

本章概要

深度学习是机器学习的分支。它是以人工神经网络为架构，对数据进行表征学习的算法。至今已有多种深度学习算法模型，如深度神经网络、卷积神经网络、深度置信网络和循环神经网络等，它们已被应用在计算机视觉、语音识别、自然语言处理与生物信息学等领域，并取得了良好的效果。

自深度学习出现以来，它已成为很多领域（尤其是计算机视觉和语音识别）先进系统的一部分。语音识别中的 TIMIT 和图像识别中的 ImageNet、CIFAR-10 数据集上的实验证明，深度学习能够提高识别的精度。

本章从神经网络的基本组成——神经元出发，详细介绍神经网络的结构和参数的传递过程，并简单介绍深度学习的两大基本网络，即卷积神经网络和循环神经网络，最后通过 PyTorch 进行代码实现，解决简单的实际问题。

学习目标

完成对本章的学习后，要求达到以下目标：

（1）掌握神经网络的构成；

（2）理解常见的激活函数；

（3）理解神经网络参数的正向传播与误差反向传播的原理；

（4）了解深度学习的概念；

（5）能够编写代码使用神经网络模型解决简单的分类或回归问题。

7.1　从线性回归到神经网络

7.1.1　再看线性回归

本书第 5 章中介绍了线性回归，其核心是通过一个线性表达式预测出一个值。

$$o = w_1x_1 + w_2x_2 + \cdots + w_dx_d + b$$

可以用图 7.1 形象地描述线性回归的计算过程。

图 7.1 中，输入为 $x_1,x_2,\cdots,x_d$，分别与各自的权重 $w_1,w_2,\ldots,w_d$ 相乘后累加，最后加偏置 b，得到输出 o。

Softmax 回归需要进行 n 分类，所以要构建 n 个线性表达式，也可以用图 7.2 形象地描述计算过程。

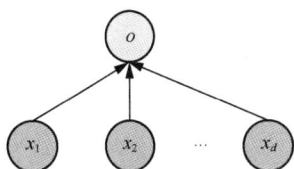

图 7.1 线性回归的计算

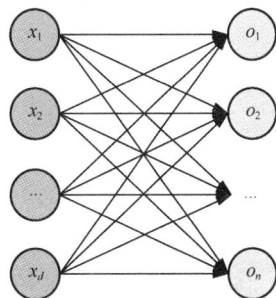

图 7.2 Softmax 计算

线性回归的计算过程就像一张计算"网络"，将输入和大量的权重、偏置做运算，得到一个或者多个输出结果。

7.1.2 来自人类大脑的启发

20 世纪 50 年代左右，心理学家和生物学家研究发现人脑是一个超大规模的神经网络，大脑皮层包含着几十亿个神经元（神经细胞），并且神经元之间存在着无数条"连接线"，如图 7.3 所示。

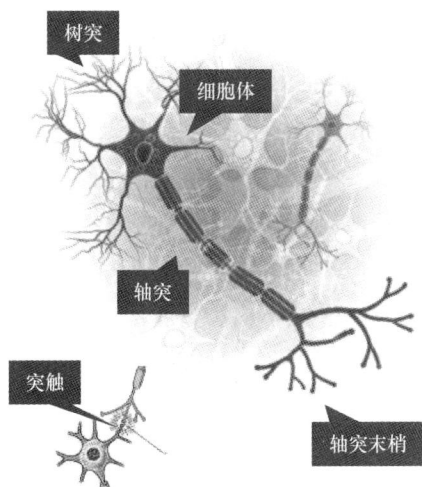

图 7.3 人类的神经元

进一步研究发现，每一个神经元的轴突末梢通过电信号向其他神经元传递信息，而树突接收着来自其他数万个神经元传递来的信息。这使得人类成为地球上最有智慧的生物，也是人类大脑拥有较高的信息处理效率、善于归纳推广、存在意识以及能够实现无监督学习的原因。

与此同时，电子计算机的出现使科学家们思考能否利用计算机模拟人类大脑神经元之间的信息传递模式，更高效地进行科学运算，甚至能让计算机学会"学习"。

慢慢地，人们通过建立类似于神经元连接的数学计算模型来对函数进行估计或近似，并称其为**人工神经网络**（Artificial Neural Network，ANN），简称**神经网络**（Neural Network，NN）。

神经网络能够根据接收的外界信息调整其内部结构，从而表现出自适应的特性，这通常被理解为学习能力。此外，神经网络还可以用于解决人类的决策问题，展现出类似人类的简单决策和判断能力。

作为一种现代的非线性统计建模工具，神经网络通常利用基于数学的学习算法来进行优化。比如神经网络中使用统计学的标准数学方法，得到能用函数形式表达的局部结构。相较于传统的逻辑学推理演算，这种方法在处理不确定性和复杂性问题方面展现出更大的优势。

7.2 神经网络

7.2.1 神经元

神经元是构成神经网络的基本组成单元，常见的神经元结构如图 7.4 所示。

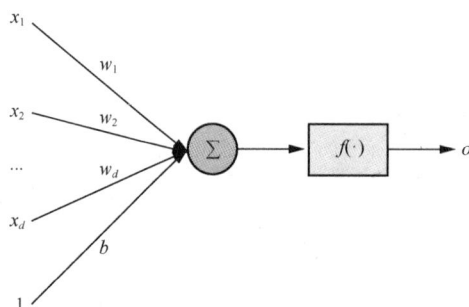

图 7.4　神经元结构

其中，$x_1, x_2, \cdots, x_d$ 为输入向量的各个分量，$w_1, w_2, \cdots, w_d$ 为各个强度权重，b 为偏置，各个输入向量分量与权重相乘后累加，并加上偏置值，得到 $\sum_{i=1}^{d} w_i x_i + b$。然后经过激活函数的处理后，得到输出值 $o = f\left(\sum_{i=1}^{d} w_i x_i + b\right)$。

7.2.2 单层神经元网络

单层神经元网络是基本的神经网络形式，由有限个神经元构成，所有神经元的输入向量都是相同的，如图 7.5 所示。由于每一个神经元都会产生一个标量结果，所以单层神经元网络的输出是一个向量，向量的维数等于神经元的数目。

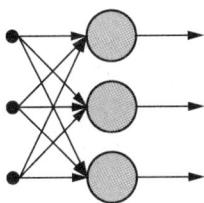

图 7.5　单层神经元网络

7.2.3　多层感知机

网络中可以加入一个或多个隐藏层来突破线性模型的限制，使其能处理更普遍的函数关系类型。要做到这一点，最简单的方法是将许多全连接层堆叠在一起。前面的 $L-1$ 层都输出到上面的层，直到生成最后的输出，可以把前 $L-1$ 层看作表示，把最后一层看作线性预测器。这种结构通常称为**多层感知机**（Multilayer Perceptron，MLP），如图 7.6 所示。

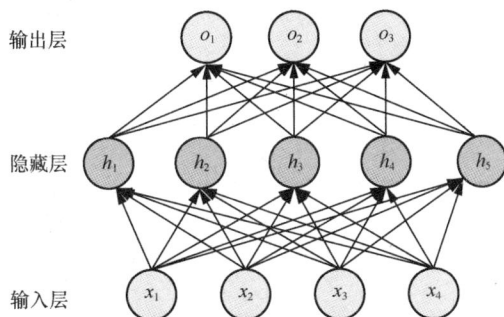

图 7.6　多层感知机

这个多层感知机的输入层为 4 维向量，输出层为 3 维向量，隐藏层包含 5 个隐藏单元。输入层不涉及任何计算，使用此网络产生输出只需要实现隐藏层和输出层的计算。因此，这个多层感知机的层数为 2。请注意，每两层之间是全连接的，每个输入都会影响隐藏层中的每个神经元，而隐藏层中的每个神经元又会影响输出层中的每个神经元。

多层感知机可以通过隐藏神经元，捕捉到输入之间复杂的相互作用，读者可以很容易地设计隐藏节点来执行任意计算。例如，针对一对输入进行基本的逻辑操作，多层感知机满足通用近似定理。即使网络只有一个隐藏层，只要给定足够的神经元和正确的权重，就可以对任意函数建模。

7.2.4　激活函数

为了发挥多层架构的潜力，网络还需要一个额外的关键要素：在对每个隐藏单元完成累加之后应用非线性的激活函数。一般来说，有了激活函数，就不可能再将多层感知机退化成线性模型。

常见的激活函数如下。

深度学习 | 第7章

1．sigmoid 函数

本书第 5 章中介绍了 sigmoid 函数，它将实数域的输入变换为区间(0, 1)的输出。梯度下降法作为求解损失函数最优值的主要方法后，sigmoid 函数成为研究者们对激活函数的默认选择，因为它是平滑且可微的函数，其一阶导数容易计算。

$$\frac{\mathrm{d}}{\mathrm{d}x}\text{sigmoid}(x) = \frac{\exp(-x)}{\left[1+\exp(-x)\right]^2} = \text{sigmoid}(x)\left[1-\text{sigmoid}(x)\right]$$

2．tanh 函数

与 sigmoid 函数类似，tanh（双曲正切）函数能将输入变换到区间(-1, 1)上。tanh 函数的公式如下。

$$\tanh(x) = \frac{1-\exp(-2x)}{1+\exp(-2x)}$$

当输入在 0 附近时，tanh 函数图像接近线性函数图像。tanh 函数图像的形状类似于 sigmoid 函数的，不同的是 tanh 函数图像关于坐标系原点中心对称，如图 7.7 所示。

tanh 函数的一阶导数也较容易计算。

$$\frac{\mathrm{d}}{\mathrm{d}x}\tanh(x) = 1 - \tanh^2(x)$$

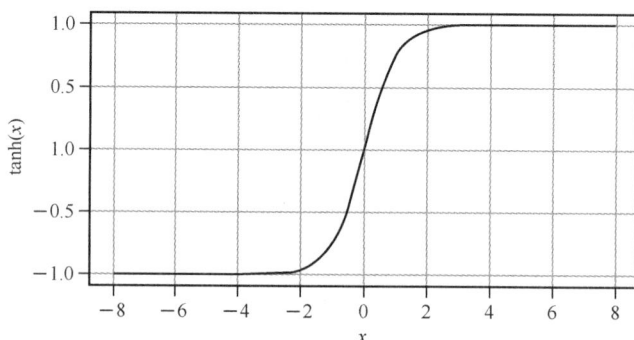

图 7.7　tanh 函数图像

3．ReLU 函数

如今，sigmoid 函数在隐藏层已经较少被用作激活函数，人们开始选择更简单、更容易训练的 ReLU 函数。

ReLU 是非常受欢迎的激活函数，它实现简单，同时在各种预测任务中表现良好。ReLU 函数提供了一种非常简单的非线性变换。

$$\text{ReLU}(x) = \max(x, 0)$$

ReLU 函数将小于 0 的输入的输出值统一设为 0，仅保留正元素，函数图像如图 7.8 所示。

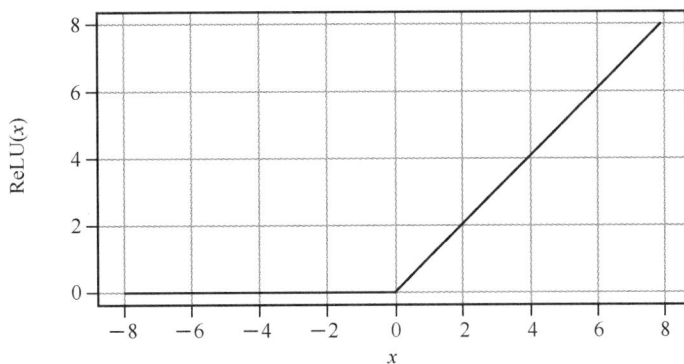

图 7.8 ReLU 函数图像

ReLU 函数的导数计算更为简单，当输入为负时，ReLU 函数的导数为 0；当输入为正时，ReLU 函数的导数为 1。在输入为 0 时，默认使用左侧的导数，即当输入为 0 时导数为 0。ReLU 函数也在一定程度上解决了以往困扰人们的神经网络梯度消失问题。

7.2.5 正向传播与反向传播

接下来以含有 1 个输入层、2 个隐藏层和 1 个输出层的神经网络为例，介绍神经网络中的信息传递机制和参数调整过程。神经网络结构如图 7.9 所示。

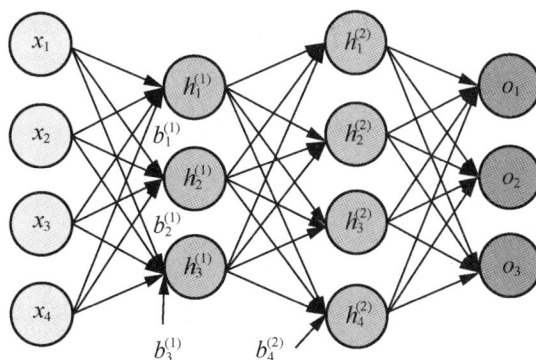

图 7.9 神经网络结构

1. 输入层—第一个隐藏层

以第一个隐藏层的第一个神经元 $h_1^{(1)}$ 为例，它接收输入层的 4 个分量 x_1、x_2、x_3、x_4 的值，分别与相应的权重 $w_{11}^{(1)}$、$w_{21}^{(1)}$、$w_{31}^{(1)}$、$w_{41}^{(1)}$ 相乘后累加，并加上偏置值 $b_1^{(1)}$ 后，经过激活函数 $\sigma(\cdot) = \mathrm{ReLU}(\cdot)$ 处理后得到该神经元的输出 $h_1^{(1)}$。

$$h_1^{(1)} = \sigma\left(\sum_{i=1}^{4} w_{i1}^{(1)} x_i + b_1^{(1)}\right)$$

其余两个神经元的计算过程类似，分别接收输入层的输入值，经过计算后得到各个神经元的输出。

为表示方便，可以使用矩阵表示法。假设有 n 个数据样本，输入矩阵为 $\boldsymbol{X} \in \mathbb{R}^{n \times 4}$，第一个隐藏层输出向量为 $\boldsymbol{H}^{(1)} \in \mathbb{R}^{n \times 3}$，偏置向量为 $\boldsymbol{b}^{(1)} \in \mathbb{R}^3$，权重矩阵为 $\boldsymbol{W}^{(1)} \in \mathbb{R}^{4 \times 3}$。

$$\boldsymbol{H}^{(1)} = \sigma\left(\boldsymbol{X}\boldsymbol{W}^{(1)} + \boldsymbol{b}^{(1)}\right)$$

2．第一个隐藏层—第二个隐藏层

与输入层—第一个隐藏层的计算类似，对于第一个神经元 $h_1^{(2)}$，计算公式如下：

$$h_1^{(2)} = \sigma\left(\sum_{i=1}^{3} w_{i1}^{(2)} h_i^{(1)} + b_1^{(2)}\right)$$

使用矩阵表示法表示：

$$\boldsymbol{H}^{(2)} = \sigma\left(\boldsymbol{H}^{(1)}\boldsymbol{W}^{(2)} + \boldsymbol{b}^{(2)}\right)$$

3．第二个隐藏层—输出层

对于第一个输出神经元 o_1，计算公式如下：

$$o_1 = \sigma\left(\sum_{i=1}^{4} w_{i1}^{(3)} h_i^{(2)} + b_1^{(3)}\right)$$

使用矩阵表示法表示：

$$\boldsymbol{O} = \sigma\left(\boldsymbol{H}^{(2)}\boldsymbol{W}^{(3)} + \boldsymbol{b}^{(3)}\right)$$

4．反向传播

在回归算法中，我们初步学习了通过梯度下降法来求得损失函数最优值的方法，该方法同样可用于神经网络模型的参数优化，不过神经网络相对于线性回归具有大量的参数：以第一个隐藏层—第二个隐藏层为例，这两层之间就包含 $w_{ij}^{(2)}(i=1,2,3; \ j=1,2,3,4)$ 和 $b_i^{(2)}(i=1,2,3,4)$ 共 16 个参数。参数数量随着单层神经元的数量增加而快速增加，如何尽可能快速地计算损失函数对每个参数的偏导呢？

根据链式法则，考虑函数 $z = f(u,v)$，其中 $u = h(x,y)$、$v = g(x,y)$，且这些函数是可微的，则 z 对 x 的偏导数为：

$$\frac{\partial z}{\partial x} = \frac{\partial z}{\partial u} \cdot \frac{\partial u}{\partial x} + \frac{\partial z}{\partial v} \cdot \frac{\partial v}{\partial x}$$

以更新连接输入层神经元 x_1 和第一个隐藏层的神经元 $h_1^{(1)}$ 的参数 $w_{11}^{(1)}$ 为例，目标是计算出损失函数对参数 $w_{11}^{(1)}$ 的偏导 $\dfrac{\partial L}{\partial w_{11}^{(1)}}$，然后进行参数更新：

$$w_{11}^{(1)} \leftarrow w_{11}^{(1)} - \alpha \cdot \frac{\partial L}{\partial w_{11}^{(1)}}$$

其中损失函数 L 使用交叉熵函数：

$$L = -\frac{1}{N}\sum_{i=1}^{N}\sum_{j=1}^{3} y_j^i \ln\left(\hat{y}_j^i\right)$$

首先可以得出：

$$\frac{\partial L}{\partial w_{11}^{(1)}} = \frac{\partial L}{\partial h_1^{(1)}} \cdot \frac{\partial h_1^{(1)}}{\partial w_{11}^{(1)}}$$

等号右侧的一项因子可在正向传播的时候计算得到：

$$\frac{\partial h_1^{(1)}}{\partial w_{11}^{(1)}} = \sigma'\left(\sum_{i=1}^{4} w_{i1}^{(1)} x_i + b_1^{(1)}\right) \cdot x_1$$

而另一项因子可再次通过链式法则分解为：

$$\frac{\partial L}{\partial h_1^{(1)}} = \frac{\partial L}{\partial h_1^{(2)}} \cdot \frac{\partial h_1^{(2)}}{\partial h_1^{(1)}} + \cdots + \frac{\partial L}{\partial h_4^{(2)}} \cdot \frac{\partial h_4^{(2)}}{\partial h_1^{(1)}}$$

同样，对于部分因子，在正向传播的过程中已通过计算得到：

$$\frac{\partial h_1^{(2)}}{\partial h_1^{(1)}} = \sigma'\left(\sum_{i=1}^{4} w_{i1}^{(2)} h_i^{(1)} + b_1^{(2)}\right) \cdot h_1^{(1)}$$

如此反复，直至分解至输出层的神经元：

$$\frac{\partial L}{\partial o_1} = \frac{\partial L}{\partial \hat{y}_1} \cdot \frac{\partial \hat{y}_1}{\partial o_1}$$

此时等号右侧两项乘积均可通过正向传播计算得到，最终我们得到了 $\frac{\partial L}{\partial w_{11}^{(1)}}$ 的值，并进行更新。

对正向传播与反向传播过程的总结如下。

（1）正向传播时，样本数据从输入层传入，经过各个隐藏层逐层处理后，传到输出层。如果输出层的实际输出与期望的输出不符，则转入误差的反向传播阶段。

（2）反向传播时，将输出以某种形式通过隐藏层向输入层逐层反传，并将误差分摊给各层的所有神经元，从而获得各层的误差信号，此误差信号即作为修正各个神经元权值的依据。

7.3 深度学习概述

7.3.1 深度学习的产生

深度学习的产生可以追溯到 20 世纪 80 年代，当时的研究者开始尝试用神经网络来解决模式识别问题。但由于当时计算机的处理能力有限，神经网络的训练效果不佳，因此在 20 世纪 90 年代初期神经网络的研究逐渐 "降温"。

直到 2006 年，一篇名为 "Reducing the Dimensionality of Data with Neural Networks" 的

论文在机器学习领域引起了轰动。这篇论文提出了一种称为"深度学习"的方法，利用多层神经网络来学习输入数据的特征，从而实现自动分类、识别等任务。该方法可以处理高维度、非线性、大量数据的复杂问题，并取得较好的效果。

自此，深度学习开始引起广泛关注和研究。2012 年，深度学习在 ImageNet 挑战赛上大放异彩，用深度学习算法的团队击败了用传统图像处理算法的团队，开启了深度学习在计算机视觉领域的新篇章。随着硬件性能的不断提升和数据规模的不断扩大，深度学习在语音识别、自然语言处理等领域也取得了突破性进展。

7.3.2 深度学习与机器学习的关系

深度学习是机器学习的一个分支，它是以多层神经网络为基础的算法。因此，深度学习和机器学习有着密不可分的关系。

首先，深度学习属于机器学习的范畴，它利用大量的数据来训练多层神经网络，并通过 BP 算法来调整神经网络中的权重和偏置，从而实现对数据的分类、预测等。其次，深度学习在机器学习中的应用越来越广泛，已成为当前最为流行的机器学习算法之一。在许多领域，例如计算机视觉、语音识别、自然语言处理等，深度学习已经成为解决问题的首选算法。另外，深度学习和机器学习有很多共同点，例如它们都需要大量的数据作为训练集，都需要经过训练来调整算法的参数，都可以应用于数据分类、预测等任务。因此，深度学习和机器学习可以互相借鉴和补充，共同推动人工智能技术的发展。

深度学习与机器学习有以下区别。

（1）学习方法不同：机器学习通常使用各种算法来学习数据的特征和规律，例如决策树、支持向量机、随机森林等；而深度学习则基于多层神经网络，通过 BP 算法学习数据的特征和规律。

（2）数据需求不同：机器学习通常需要人工提取数据的特征，再将其输入算法进行训练；而深度学习可以自动从原始数据中提取特征，因此在处理大规模、高维度的数据时更加有效。

（3）算法复杂度不同：机器学习的算法相对简单，可以在较少的计算资源和训练时间下得到良好的结果；而深度学习的算法相对复杂，需要大量的计算资源和训练时间。

（4）应用领域不同：机器学习通常应用于传统的数据挖掘领域，如分类、聚类、回归等；而深度学习在计算机视觉、语音识别、自然语言处理等领域取得了突破性进展。

7.3.3 深度学习中的常用网络

1. 卷积神经网络

卷积神经网络是一种前馈神经网络，它的神经元可以响应一部分覆盖范围内的周围单元，在大型图像处理方面有出色表现。

卷积神经网络由一个或多个卷积层和顶端的全连接层（对应经典的神经网络）组成，同时也包括池化层（Pooling Layer），结构如图 7.10 所示。这一结构使得卷积神经网络能够利用输入数据的二维结构。与其他深度学习网络结构相比，卷积神经网络在图像和语音识别方面能够给出更好的结果。这一模型也可以使用 BP 算法进行训练。相较于其他深度、前馈神经网络，卷积神经网络需要考量的参数更少，使之成为一种颇具吸引力的深度学习网络。

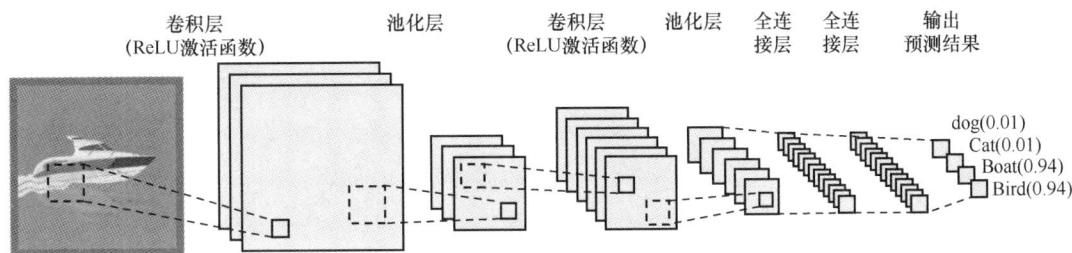

图 7.10　卷积神经网络结构

常规的神经网络不能很好地扩展到计算机视觉领域，常见的彩色图像像素的数量级达到 $10^2 \sim 10^3$，并且彩色图像的像素值还要乘以 3。如果输入层维度就达到 $10^5 \sim 10^6$ 数量级，则隐藏层的神经元数量会更多，大量的参数不仅会影响计算效率，还很容易导致模型过拟合。

空间上相邻的像素点的 RGB 值大部分相差较小，R、G、B 各个通道之间的数据通常密切相关，但是转换成一维向量时，这些信息会被丢失。同时，图像的形状信息中，可能隐藏着某种本质的模式，但是转换成一维向量输入全连接神经网络时，这些模式也会被忽略。

人在观察世界时，一般会对重点的物体投以更多的关注度，儿童学习辨识不同的物体时，也会根据物体具备的重要特征来识别。卷积神经网络的工作原理类似于人脑中神经元的连接模式，单个神经元仅在视野的受限区域中对刺激做出反应，神经元不需要输入完整的图像像素，通过"卷积核"对图像像素特征的提取，大大减少输入神经元的向量维度。

（1）卷积层。

① 卷积。

卷积层是卷积神经网络的核心模块，它负责大部分的烦琐计算工作。"卷积核"是卷积操作的关键，卷积层由多个可学习的卷积核组成，每个卷积核的尺寸都很小，但是深度延伸至图像的层数。处理 RGB 图像时，常见的卷积核尺寸为 $3\times3\times3$ 或 $5\times5\times3$。

卷积

在正向传播过程中，每个卷积核在图像上根据预先设定的步幅滑动（卷积计算），并计算卷积核参数与对应区域像素值的点积和，遍历完图像像素后，会生成一个特征图，该图给出此卷积核在每个空间位置的响应。

例如有如下 7×7 的黑白图像，有 3×3 的卷积核，步幅设置为 1，卷积操作如下。

卷积核与图像左上角对应的像素求点积和，生成特征图的第一个像素值，然后卷积核向右滑动一个像素，再次与对应的像素求点积和，生成特征图的第二个像素值。这样依次从左到右、从上到下滑动卷积核，并与像素求点积和，生成特征图，如图 7.11 所示。

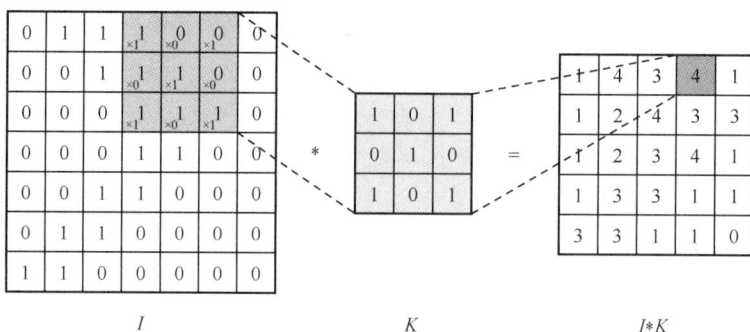

图 7.11　卷积操作

卷积输出特征图的尺寸计算方法如下（卷积核的边长为 k）：

$$H_{out} = H - k + 1$$

$$W_{out} = W - k + 1$$

② 填充。

不过，前文所讲的卷积方式有一定的局限性，图像边缘像素部分在卷积核滑动计算时较图像内部像素少，因此图像边缘的关键信息容易被忽略；同时经过卷积运算，得到的特征图尺寸会变小，若经过多轮卷积运算，得到的特征图反而会丢失大量信息。为了避免卷积之后图像尺寸变小，通常会在图像的外围进行填充操作，如图 7.12 所示。

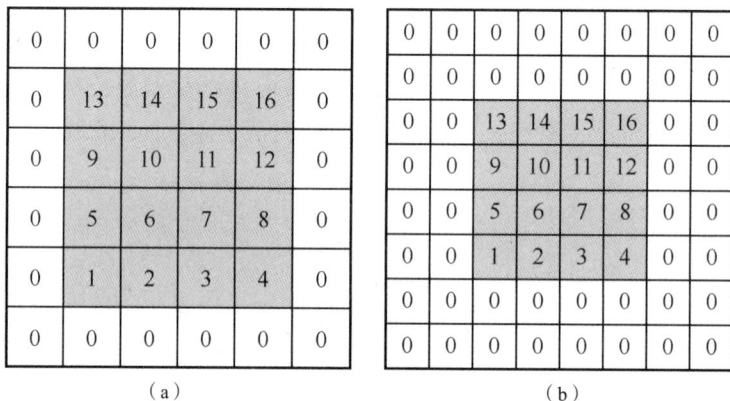

（a）　　　　　　　　　　　　　（b）

图 7.12　填充操作

如图 7.12（a）所示，填充的大小为 1，填充值为 0。填充之后，输入图像尺寸从 4×4 变成了 6×6，使用 3×3 的卷积核，输出图像尺寸为 4×4。

如图 7.12（b）所示，填充的大小为 2，填充值为 0。填充之后，输入图像尺寸从 4×4 变成了 8×8，使用 3×3 的卷积核，输出图像尺寸为 6×6。

③ 步幅。

在卷积运算过程中，通常会在高度或者宽度的两侧采取等量填充，假设填充列数（行数）为 p，填充后的特征图尺寸为：

$$H_{out} = H + 2p - k + 1$$

$$W_{out} = W + 2p - k + 1$$

前文卷积核滑动的像素都是 1 个像素，实际应用中若图像尺寸过大，可将卷积核滑动的像素值增大，当高和宽方向的步幅分别为 s_h 和 s_w 时，输出特征图尺寸为：

$$H_{out} = \frac{H + 2p - k}{s_h} + 1$$

$$W_{out} = \frac{W + 2p - k}{s_w} + 1$$

④ 多通道输入。

实际上彩色图像文件包含 R、G、B 这 3 个通道，为了在每个通道上进行卷积操作，需要为每个通道设计一个卷积核，3 个通道分别进行卷积操作后，将 3 个特征图对应元素结果相加，得到一个特征图，如图 7.13 所示。

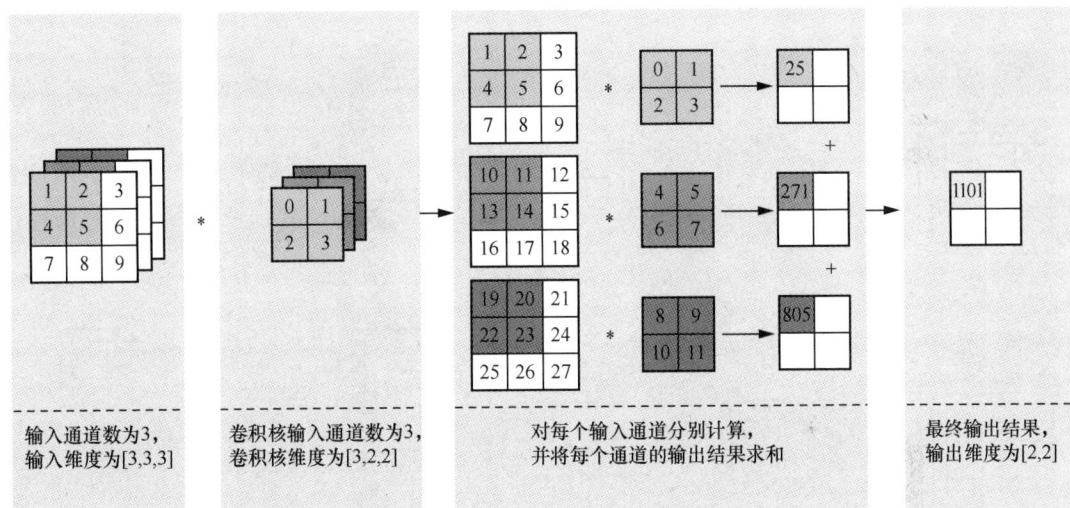

图 7.13 多层图像的卷积

一般地，如果输入图像的通道数为 C_{in}，维度为 $C_{in} \times H_{in} \times W_{in}$，则卷积核维度为 $C_{in} \times k \times k$。

⑤ 多通道输出。

一般来说，卷积操作的输出特征图也会具有多个通道 C_{out}，这时需要设计 C_{out} 个维度为 $C_{in} \times k \times k$ 的卷积核，卷积核数组的维度是 $C_{out} \times C_{in} \times k \times k$。例如图 7.14 所示多层图像的卷积核，输出通道的数目通常也被称为卷积核的个数。这个模型中有两个卷积核。其中，两个卷积核的输入都是 3 个通道，卷积核维度是[2,3,2,2]。

⑥ 批量操作。

在卷积神经网络的计算中，通常将多个样本放在一起形成一个 mini-batch 进行批量操作，即输入数据的维度是 $N \times C_{in} \times H_{in} \times W_{in}$。由于会对每张图像使用同样的卷积核进行卷积操作，卷积核的维度与前面多通道输出的情况一样，仍然是 $C_{out} \times C_{in} \times R \times R$，输出特征图的维度是 $N \times C_{out} \times H_{out} \times W_{out}$，如图 7.15 所示。

深度学习 第 7 章

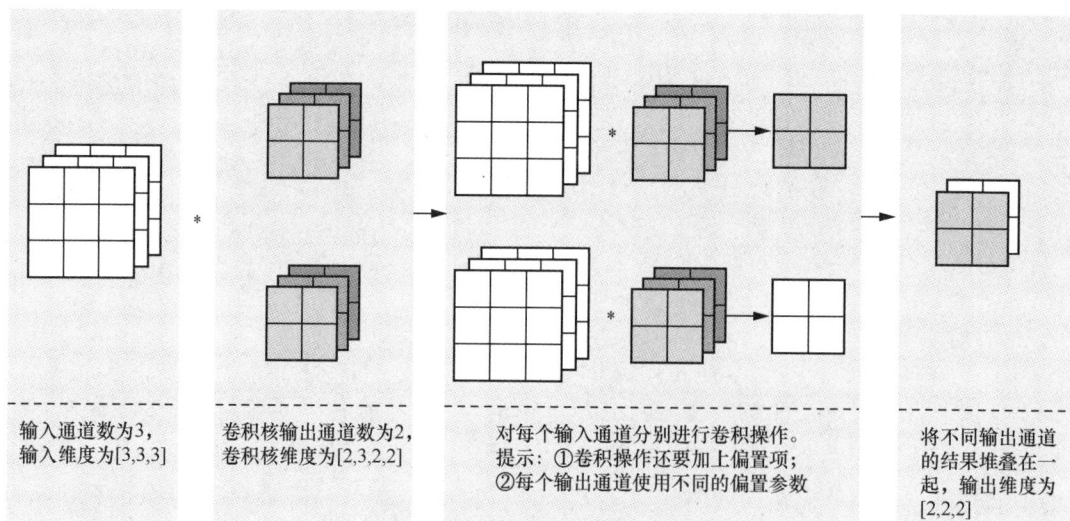

输入通道数为3，
输入维度为[3,3,3]

卷积核输出通道数为2，
卷积核维度为[2,3,2,2]

对每个输入通道分别进行卷积操作。
提示：①卷积操作还要加上偏置项；
②每个输出通道使用不同的偏置参数

将不同输出通道
的结果堆叠在一
起，输出维度为
[2,2,2]

图 7.14　多层图像经多个卷积核卷积

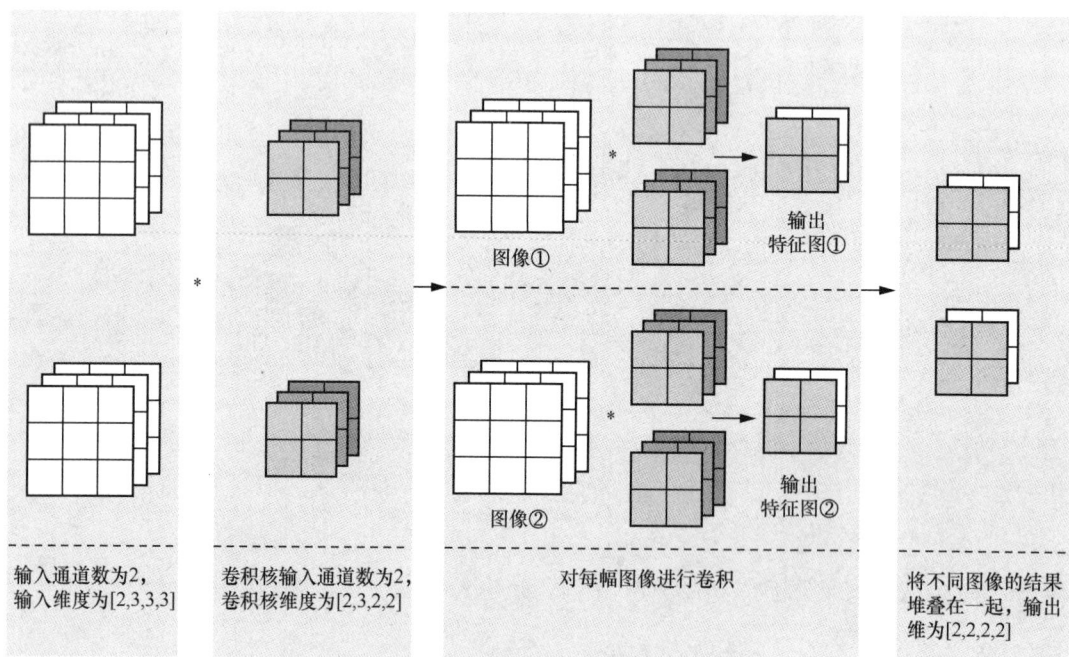

输入通道数为2，
输入维度为[2,3,3,3]

卷积核输入通道数为2，
卷积核维度为[2,3,2,2]

对每幅图像进行卷积

图像①

输出
特征图①

图像②

输出
特征图②

将不同图像的结果
堆叠在一起，输出
维为[2,2,2,2]

图 7.15　多层图像的批量卷积操作

（2）池化层。

池化是使用某一位置的相邻输出的总体统计特征代替网络在该位置的输出，其好处是当输入数据做出少量平移时，经过池化函数处理后的大多数输出仍能保持不变。例如当识别一幅图像是否为人脸图像时，我们需要知道人脸左边有一只眼睛，右边也有一只眼睛，而不需要知道眼睛的准确位置，这时通过池化某一片区域的像素点来得到总体统计特征会显得很有用。由于池化之后特征图会变得更小，如果后面连接的是全连接层，则能有效地减少神经元的个数，节省存储空间并提高计算效率。如图 7.16 所示，将一个 2×2 的区域池化成一个像素点通常有两种方法：平均池化和最大池化。

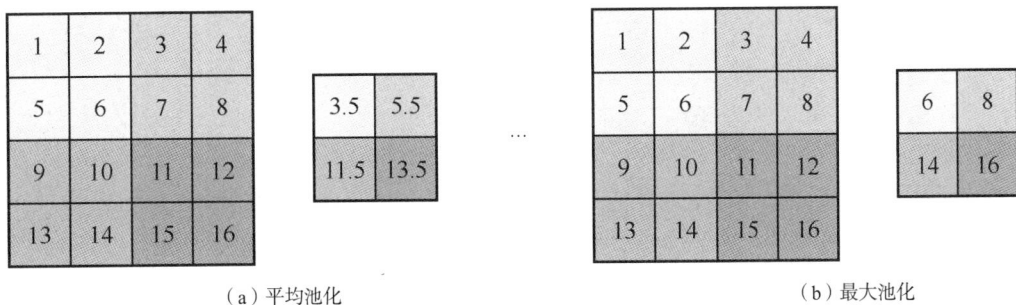

1	2	3	4
5	6	7	8
9	10	11	12
13	14	15	16

3.5	5.5
11.5	13.5

...

1	2	3	4
5	6	7	8
9	10	11	12
13	14	15	16

6	8
14	16

（a）平均池化　　　　　　　　　　　　（b）最大池化

图 7.16　池化操作

　　如图 7.16（a）所示的平均池化，使用大小为 2×2 的池化窗口，每次移动的步幅为 2，对池化窗口覆盖区域内的像素取平均值，得到相应的输出特征图的像素值。

　　如图 7.16（b）所示的最大池化，对池化窗口覆盖区域内的像素取最大值，得到相应的输出特征图的像素值。当池化窗口在图像上滑动时，会得到整个输出特征图。池化窗口的大小称为池化大小，在卷积神经网络中用得比较多的是窗口大小为 2×2、步幅为 2 的池化。

　　（3）经典卷积神经网络。

　　① LeNet。

　　LeNet 是由 2018 年图灵奖获得者杨立昆（Yann LeCun）等人于 1998 年提出的，它被认为是最早的卷积神经网络。LeNet 网络结构如图 7.17 所示。但是，由于受当时硬件条件和数据集的限制，LeNet 提出之后一直被传统目标识别算法（特征提取+分类器）所压制。LeNet 也是第一个成功的卷积神经网络应用，在当时主要用于识别数字和邮政编码，在测试集上该网络可以实现对手写数字 1% 的识别错误率。此外，该网络迭代 10 次之后便可完成收敛。

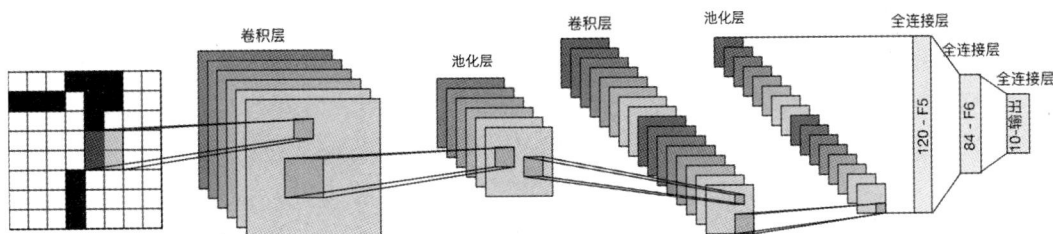

图 7.17　识别手写体的 LeNet-5 网络结构

　　LeNet 的结构包括 2 个卷积层、2 个池化层和 3 个全连接层：输入图像为原始 28 像素×28 像素经填充操作变为 32 像素×32 像素的灰度图像；第一个卷积层包括 6 个 5×5、步幅为 1 的卷积核；第一个池化层为 2×2 采样，输出 6 个 14 像素×14 像素的特征图；第二个卷积层使用 16 个 5×5、步幅为 1 的卷积核进行卷积操作；并通过第二个池化层采样；最后经过 3 个全连接层，输出目标分类数目的概率。

　　② AlexNet。

　　AlexNet 由亚历克斯·克里泽夫斯基（Alex Krizhevsky）、伊尔亚·苏茨克维（Ilya

Sutskever）和杰弗里·辛顿（Geoff Hinton）开发。AlexNet 在 2012 年 ImageNet 挑战赛中获得第 2 名，成绩明显优于第 3 名。该网络的结构与 LeNet 的非常相似，但网络更深、更大，并且具有相互堆叠的卷积层，如图 7.18 所示。

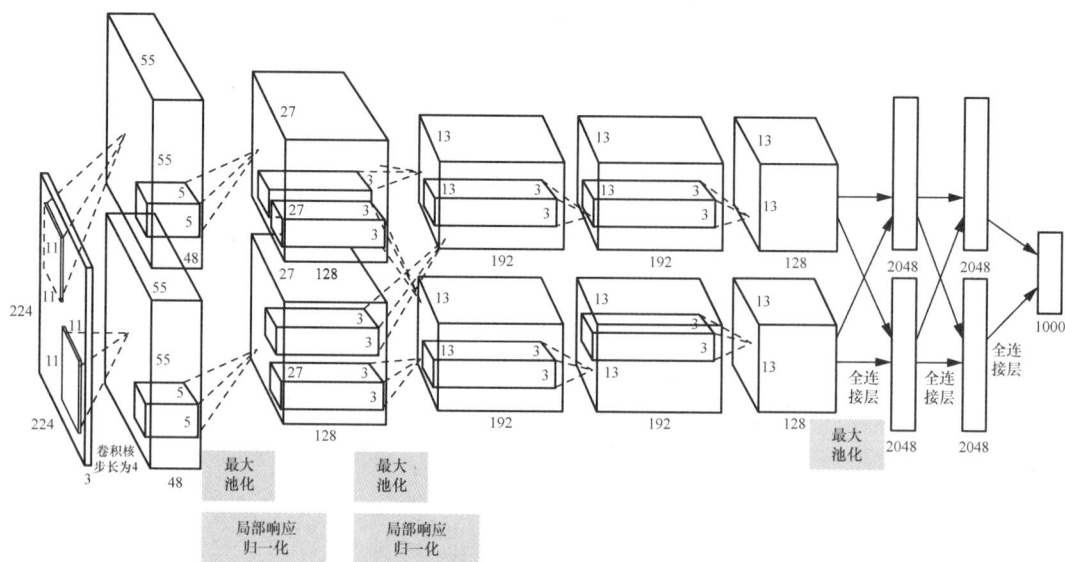

图 7.18　AlexNet 结构

相对于 LeNet，AlexNet 的激活函数是 ReLU 函数，并且采用了随机失活和数据增强技术降低模型过拟合。由于当时硬件算力条件刚刚起步，AlexNet 在训练时用了两块 NVIDIA GTX 580 GPU，由于内存 3GB 仍不足以处理大量的数据，因此神经网络分成上、下两层，每块 GPU 处理一部分的数据，并在中间部分层进行沟通。

③ VGG。

VGG（Visual Geometry Group）是英国牛津大学计算机视觉组在 ILSVRC 2014 上发布的网络，证明了增加网络的深度能够在一定程度上影响网络最终的性能，其结构如图 7.19 所示。VGG 有两种结构，分别是 VGG16 和 VGG19，两者并没有本质上的区别，只是网络深度不一样。VGG16 相比 AlexNet 的一个改进是采用连续的几个 3×3 卷积核代替 AlexNet 中的较大卷积核（11×11、7×7、5×5）。对于给定的感受野（与输出有关的输入图像的局部大小），采用堆积的小卷积核优于采用大的卷积核，因为多层非线性层可以增加网络深度来保证学习更复杂的模式，而且代价比较小（参数更少）。

④ ResNet。

ResNet 是由何恺明等人在 2015 年提出的，主要解决了卷积神经网络难训练和退化的问题，其网络结构如图 7.20 所示。该网络将堆叠的几层称为一个 block，对于某个 block，其可以拟合的函数为 $F(x)$，在多层神经网络模型中，假设有一个包含若干层的子网络。这个子网络的函数用 $H(x)$ 来表示，其中 x 表示子网络的输入。残差学习是通过重新设定这个子网络的参数，让参数层表达一个残差函数 $F(x)$，即 $H(x)-x$，因此，这个子网络的输出可以表示为 $F(x)+x$，用来拟合 $H(x)$。

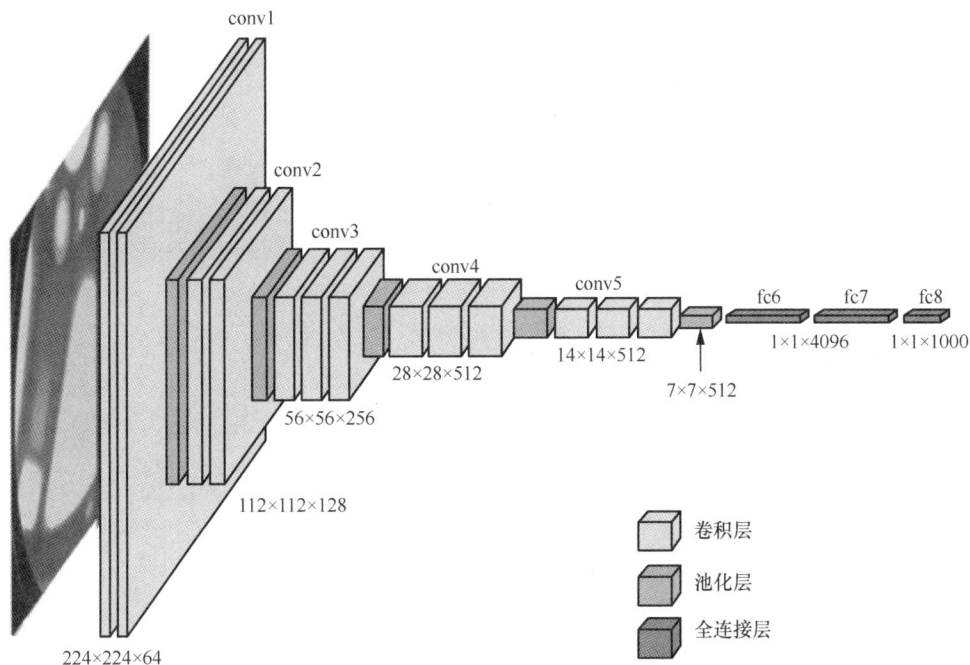

conv1

conv2

conv3

conv4

conv5

fc6 fc7 fc8

1×1×4096 1×1×1000

14×14×512

7×7×512

28×28×512

56×56×256

112×112×128

224×224×64

卷积层

池化层

全连接层

图 7.19　VGG 结构

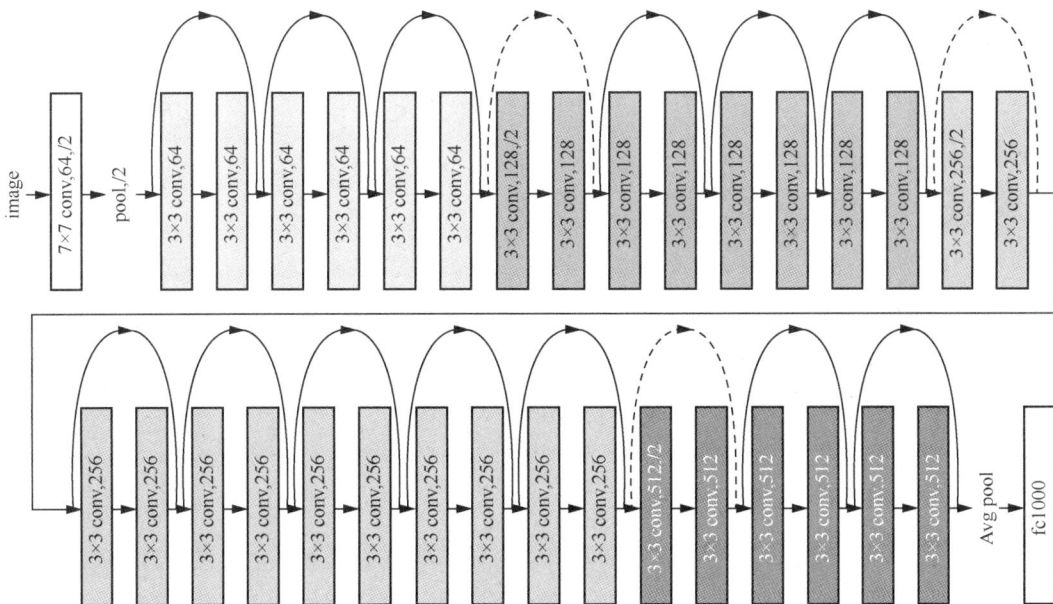

图 7.20　ResNet 结构

2．循环神经网络

循环神经网络（Recurrent Neural Network，RNN）的提出是为了刻画一个序列当前的输出与之前信息的关系。从网络结构上，循环神经网络会记忆之前的信息，并利用之前的信息影响后面节点的输出。即循环神经网络的隐藏层之间的节点是有连接的，隐藏层的输入不仅包括输入层的输出，还包括上一时刻隐藏层的输出。一个简单的循环神经网络结构如图 7.21 所示，由一个输入层、一个隐藏层（也称为循环层)和一个输出层组成，图 7.21（a）为该网络结构的折叠形式，图 7.21（b）为展开形式。其中 x_t 是当前时刻的输入向量；A 是隐藏层的值向量，取决于当前时刻的输入 x_t 和上一时刻隐藏层的值向量。x_t 是根据当前时刻的输入 x_t 和值向量 A 计算得到的输出向量。从展开形式可以明显看出，最终的输出结果与输入层、隐藏层的每个节点都相关。

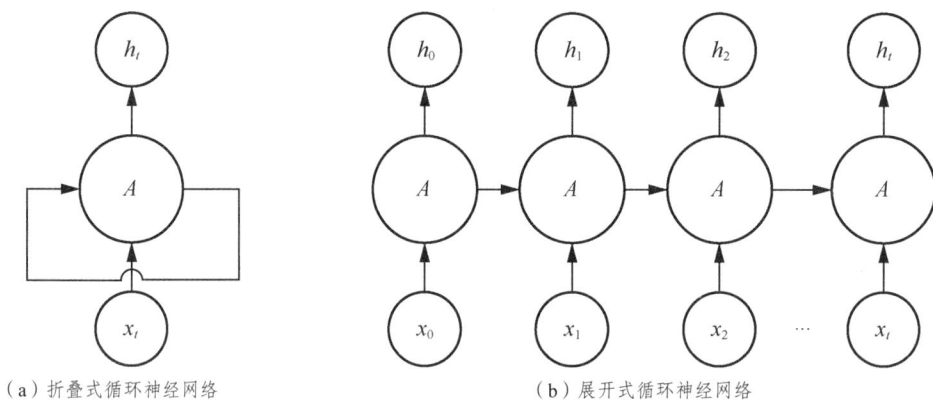

（a）折叠式循环神经网络　　　　　　　　（b）展开式循环神经网络

图 7.21　循环神经网络结构

循环神经网络将每一时刻的输入结合当前模型的状态给出一个输出。循环神经网络可以看成同一神经网络被无限复制的结果，出于优化考虑，现实生活中无法做到真正的无限循环。

7.4 深度学习案例与代码实现

在传统纸质邮件时代，人们寄信时会在信封上写上邮编，方便邮局根据目的地进行分拣。部分地区会采用机器识别信封上的手写数字，自动化地进行分拣。

本节使用 PyTorch 框架，构建一个多层神经网络，实现对手写数字（0～9）图像的分类。

7.4.1　PyTorch 简介

PyTorch 是一种开源的机器学习框架，广泛应用于计算机视觉、自然语言处理等人工智能领域。PyTorch 附带了几个专门用于开发的模块，包括 torchtext、torchvision、torchaudio 等，可以帮助开发者快速实现人工智能的解决方案。

7.4.2　MNIST 数据集介绍

MNIST 是一个手写数字数据集，一共包含来自 250 个不同的人手写的数字图像，这些人中 50%是高中生，50%是来自人口普查局的工作人员。收集该数据集的目的是希望通过算法，实现对手写数字图像的识别。该数据集有 60000 个训练样本和 10000 个测试样本，每个样本图像为 28 像素×28 像素。该数据集是以二进制存储的，不能直接以图像格式查看，不过很容易找到将其转换成图像格式的工具。

最早的卷积神经网络 LeNet 便是针对 MNIST 数据集的，当前主流深度学习框架几乎无一例外将对 MNIST 数据集的处理作为介绍及入门的第一教程。

7.4.3　在 MNIST 数据集上使用 PyTorch 进行分类

本例是根据 MNIST 数据集创建一个多层神经网络的分类模型，主要进行如下操作：

（1）使用 PyTorch 中的 DataLoader 模块加载数据集并对其进行转换；

（2）构建具有输入层、隐藏层和输出层的神经网络模型；

（3）应用激活函数；

（4）设置损失函数和优化器，实现可以批量训练；

（5）评估神经网络模型，计算模型进行分类的准确率。

1．准备工作

首先导入必要的第三方模块。

代码如下：

```
import torch
import torch.nn as nn
import torchvision
import torchvision.transforms as transforms
import matplotlib.pyplot as plt
device = torch.device("cuda" if torch.cuda.is_available() else "cpu")
```

torch.nn 模块用于帮助我们创建以及训练神经网络。

数据集中每一个样本都为 28 像素×28 像素的二进制图像文件，并以展开为一维数组的形式存储，所以将输入层维度设置为 784；同时模型的输出是目标属于 0～9 的概率，所以将输出层维度设置为 10。

2．加载数据集

PyTorch 预先构建好了常用数据集的加载模块，开发者可以快捷地调用。

代码如下：

```
train_dataset = torchvision.datasets.MNIST(root = './data',
                                            train = True,
                                            transform = transforms.ToTensor(),
                                            download = True)
test_dataset = torchvision.datasets.MNIST(root = './data',
                                           train = False,
                                           transform = transforms.ToTensor(),
                                           download = True)
```

接下来将数据集导入 DataLoader 模块，方便训练神经网络时采取随机批量方式输入数据集（本例设置批量数为 100）。

代码如下：

```
batch_size = 100
train_loader = torch.utils.data.DataLoader(dataset = train_dataset,
                                           batch_size = batch_size,
                                           shuffle = True)
test_loader = torch.utils.data.DataLoader(dataset = test_dataset,
                                          batch_size = batch_size,
                                          shuffle = False)
```

执行下列代码可以预先查看训练集中的部分图像内容，执行结果如图 7.22 所示。

```
figure = plt.figure(figsize=(5, 5))
#随机从训练集中取 9 幅图像与标签，生成 3×3 的缩略图
cols, rows = 3, 3
for i in range(1, cols * rows + 1):
    sample_idx = torch.randint(len(train_dataset), size=(1,)).item()
    img, label = train_dataset[sample_idx]
    figure.add_subplot(rows, cols, i)
    plt.title(label)
    plt.axis("off")
    plt.imshow(img.squeeze(), cmap="gray")
plt.show()
```

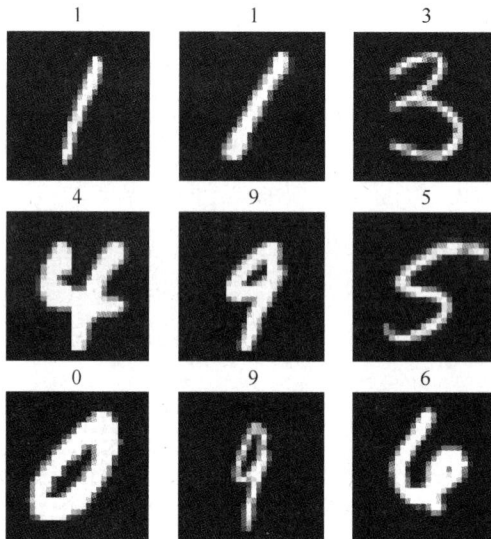

图 7.22　MNIST 数据集部分图像

3．构建神经网络模型

本例要构建一个输入层维度为 784、隐藏层维度分别为 256 和 64、输出层维度为 10 的神经网络模型，并采用 ReLU 函数作为激活函数。

代码如下：

```
input_size = 784
hidden_size_1 = 256
```

```
hidden_size_2 = 64
num_classes = 10

class NeuralNet(nn.Module):
    def __init__(self, input_size, hidden_size_1, hidden_size_2, num_classes):
        super(NeuralNet, self).__init__()
        self.input_size = input_size
        self.l_1 = nn.Linear(input_size, hidden_size_1)
        self.l_2 = nn.Linear(hidden_size_1, hidden_size_2)
        self.relu = nn.ReLU()
        self.l_out = nn.Linear(hidden_size_2, num_classes)

    def forward(self, x):
        out = self.l_1(x)
        out = self.relu(out)
        out = self.l_2(out)
        out = self.relu(out)
        out = self.l_out(out)
        return out

model = NeuralNet(input_size, hidden_size_1, hidden_size_2, num_classes).to(device)
```

在输出层中不使用 Softmax 函数对输出结果进行处理，后续的交叉熵损失函数会自动进行相应的处理。

4．定义损失函数与优化器

PyTorch 中的 CrossEntropyLoss()函数为交叉熵函数，用来判定实际的输出与期望的输出的接近程度。它结合了 Softmax 计算函数和负对数似然损失函数，将乘法转换为加法减少计算量，同时保证函数的单调性，可以应用于分类的任务中；Adam 优化器的名字来自自适应矩估计（Adaptive Moment Estimation），传统的梯度下降法虽然实现简单且收敛迅速，但是容易在最优值附近震荡，而 Adam 优化器对梯度的一阶矩估计和二阶矩估计能实现计算高效，更加适用于存在大规模的数据及参数的场景。

代码如下：

```
learning_rate = 0.001
criterion = nn.CrossEntropyLoss()
optimizer = torch.optim.Adam(model.parameters(), lr=learning_rate)
```

5．训练神经网络模型

接下来创建循环结构，将训练集分批输入神经网络模型，并通过反向传播更新网络参数。在输入过程中，将图像预先处理为输入层向量，通过正向传播计算损失。并且每隔一定的步骤输出当前网络对训练集的损失。

代码如下：

```
num_epochs = 2

n_total_steps = len(train_loader)
```

```
for epoch in range(num_epochs):
    for i, (images, labels) in enumerate(train_loader):
        # 原始向量形状: [100, 1, 28, 28]
        # 更改向量维度后的形状: [100, 784]
        images = images.reshape(-1, 28*28).to(device)
        labels = labels.to(device)
        # 正向传播
        outputs = model(images)
        loss = criterion(outputs, labels)
        # 反向传播与梯度优化
        optimizer.zero_grad()
        loss.backward()
        optimizer.step()
        if (i+1) % 100 == 0:
            print(f'Epoch  [{epoch+1}/{num_epochs}],  Step[{i+1}/{n_total_steps}],
Loss: {loss.item():.4f}')
```

训练过程中命令行窗口会显示进度，如下所示。

```
Epoch [1/2], Step[100/600], Loss: 0.4063
Epoch [1/2], Step[200/600], Loss: 0.3766
Epoch [1/2], Step[300/600], Loss: 0.1382
Epoch [1/2], Step[400/600], Loss: 0.1869
Epoch [1/2], Step[500/600], Loss: 0.1207
Epoch [1/2], Step[600/600], Loss: 0.2809
Epoch [2/2], Step[100/600], Loss: 0.1935
Epoch [2/2], Step[200/600], Loss: 0.1009
Epoch [2/2], Step[300/600], Loss: 0.1242
Epoch [2/2], Step[400/600], Loss: 0.0580
Epoch [2/2], Step[500/600], Loss: 0.1291
Epoch [2/2], Step[600/600], Loss: 0.1477
```

6. 评估神经网络模型

最后利用测试集对前文训练的神经网络模型进行准确率测试。
代码如下:

```
with torch.no_grad():
    n_correct = 0
    n_samples = 0
    for images, labels in test_loader:
        images = images.reshape(-1, 28*28).to(device)
        labels = labels.to(device)
        outputs = model(images)
        # max returns (value ,index)
        _, predicted = torch.max(outputs.data, 1)
        n_samples += labels.size(0)
        n_correct += (predicted == labels).sum().item()
acc = 100.0 * n_correct / n_samples
print(f'Accuracy of the network on the 10000 test images: {acc} %')
```

运行结果如下:

```
Accuracy of the network on the 10000 test images: 96.6 %
```

7.5 课后习题

1. 编程题

（1）使用神经网络模型进行回归预测。

近年来，共享单车流行于各个城市，相对于传统的自行车租用，共享单车从开始使用到归还都是自动化的，在解决交通、环境和健康问题上起到了重要的作用。为了更有效地投放共享单车，方便人们使用，单车服务商采集了用户的历史使用数据，现在请构建一个神经网络模型，用于预测指定条件下的单车租用数量。

7.5 课后习题编程题（1）

数据集基本信息如下。

特征描述：

编号

日期

季节（1 表示冬季，2 表示春季，3 表示夏季，4 表示秋季）

年份（0 表示 2022 年，1 表示 2023 年）

月份

小时

是否为假期

星期

是否为工作日

天气（1 表示晴天，2 表示多云，3 表示小雨雪，4 表示大雨雪）

经标准化处理后的温度

经标准化处理后的体感温度

经标准化处理后的湿度

经标准化处理后的风速

临时用户租用数量

注册用户租用数量

总租用数量

（2）使用神经网络模型进行分类。

果酒厂为了保证产品质量，在出厂前会进行质量指标检测，通过多项指标的采集为出厂的果酒进行评分。请使用 PyTorch 构建一个神经网络模型，用于对果酒样本的相关指标进行质量分级。

数据集基本信息如下。

数据记录数：4898。

特征描述:

固定酸度

挥发性酸度

柠檬酸含量

残糖含量

氯化物含量

游离二氧化硫含量

总二氧化硫含量

密度值

pH 值

硫酸盐含量

酒精度数

评分

提示:

a. 对原始数据集进行分析与预处理;

b. 针对 CSV 文件数据,需要自定义 Dataset 类,示例代码如下。

```python
import numpy as np
from torch.utils.data import Dataset, DataLoader
import pandas as pd
from sklearn.model_selection import train_test_split
data = pd.read_csv("winequality-white.csv", sep=';')
X, y = data.iloc[:, :-1], data.iloc[:, -1]
# 进行数据预处理
...
X_train, X_test, y_train, y_test = train_test_split(X, y, test_size=0.2)

class MyDataset(Dataset):
    def __init__(self, X, y):
        self.features = np.array(X)
        self.targets = np.array(y)

    def __len__(self):
        return self.features.shape[0]

    def __getitem__(self, idx):
        return self.features[idx], self.targets[idx]

train_dataset = MyDataset(X_train, y_train)
test_dataset = MyDataset(X_test, y_test)

batch_size = 100
train_dataloader = DataLoader(train_dataset, batch_size, True)
test_dataloader = DataLoader(test_dataset, batch_size, True)


print(next(iter(train_dataloader)))
```

2．思考题

（1）神经网络中常用的激活函数有哪些？

（2）ReLU 函数作为激活函数相对于 sigmoid 函数有什么优势？

（3）简述 BP 算法的基本原理。

第 8 章 计算机视觉

本章概要

俗话说"眼睛是心灵的窗户"，人脑最主要的功能之一是处理视觉相关的信息，人类通过眼睛观察来感知并理解周围的事物。而计算机视觉通过电子的方式来感知与理解周围的事物。计算机视觉是人工智能的主要研究方向之一，计算机通过对数字图像或视频中的帧进行处理，实现对目标的跟踪、识别和测量，以满足人们的需求。

本章主要介绍计算机视觉的基本概念，然后通过案例介绍使用 YOLO 框架进行计算机视觉任务的代码实践。

学习目标

完成对本章的学习后，要求达到以下目标：

（1）掌握计算机视觉的基本概念；

（2）掌握图像与计算机视觉的基本概念；

（3）能够编写代码使用卷积神经网络解决简单的计算机视觉问题；

（4）能够根据实际需求微调已有计算机视觉框架解决计算机视觉问题。

8.1 计算机视觉概述

8.1.1 什么是计算机视觉

计算机视觉技术是一种模仿人类视觉的技术，它使用计算机和相应的算法来处理和分析图像、视频或其他类型的视觉数据。计算机视觉技术可以帮助计算机系统识别和理解视觉数据，并执行各种任务，例如图像分类、目标检测、人脸识别、图像生成等。

计算机视觉技术工作过程通常包括以下步骤。

（1）图像获取：通过相机、传感器或其他设备获取图像数据。

（2）图像处理和分析：使用算法和技术对图像进行预处理和分析，例如图像增强、滤波、边缘检测等。

（3）特征提取：从图像中提取出重要的特征，例如形状、纹理、颜色等。

（4）目标检测和分类：根据提取的特征，识别和分类图像中的物体和场景。

（5）应用和评估：将计算机视觉技术应用于实际问题，并评估其性能和准确度。

计算机视觉技术在多个领域都有着广泛的应用，例如自动驾驶、安全监控、医学图像分析、虚拟现实等。随着深度学习技术的发展，计算机视觉技术的性能和准确度得到了大幅提升，并且在许多应用领域已经取得了突破性进展。

8.1.2 具体应用

计算机视觉技术主要用于解决以下几方面的问题。

1．识别

计算机视觉的经典问题便是判定一组图像数据中是否包含某个特定的物体、图像特征或运动状态。但是到目前为止，还没有单一的方法能够广泛地对各种情况进行判定，即在任意环境中识别任意物体。现有技术只能够很好地解决特定目标的识别，比如简单几何图形识别、人脸识别、印刷或手写文件识别、车辆识别等，且这些识别需要在特定的环境中，具有指定的光照、背景和目标姿态要求。

例如停车场通过摄像头拍摄识别车牌，以进行门禁与收费操作，如图 8.1 所示。

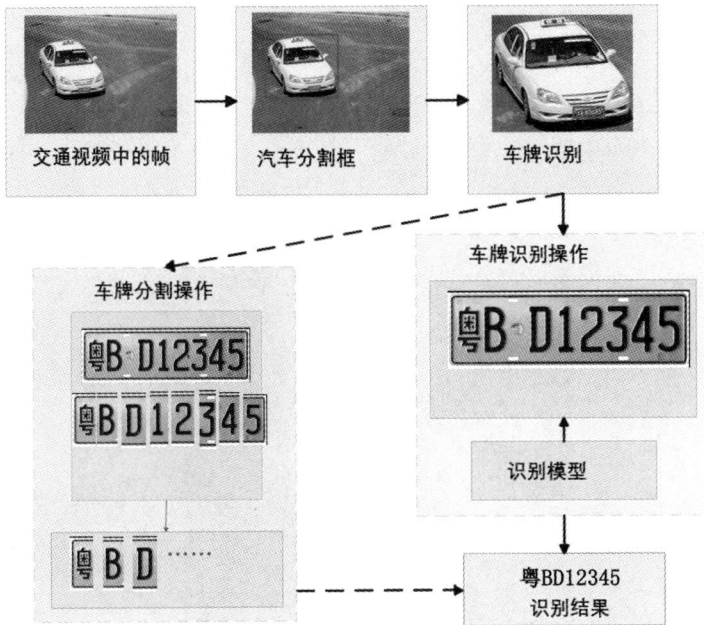

图 8.1　车牌识别

在人体关节连接的所有姿势空间中搜索某个特定姿势，以判断人体实际的运动状态，可用于检测老年人是否有跌倒的趋势，如图 8.2 所示。

图 8.2　人体姿势识别

指纹识别，通过对纹路细节的特征提取与对比，供刑事调查或身份认证，如图 8.3 所示。

（a）　　　　　　　（b）

图 8.3　指纹识别

从图像中发现特定的内容，例如对火灾的实时预警，可防止造成更大的损失，如图 8.4 所示。

图 8.4　目标识别

2．运动监测

运动监测是指对基于序列图像的物体运动进行监测，例如对一段视频画面中的人物进行轨迹跟踪，可用于失踪人口的搜索等，如图 8.5 所示。

（a）　　　　　　　　　　　（b）

图 8.5　人物轨迹跟踪

3．场景重建

场景重建即给定一个场景的多幅图像或者一段录像，为该场景创建一个三维空间模型。最简单的情况便是生成一组三维空间中的点。更复杂的情况下会创建完整的三维空间模型。

例如目前流行的虚拟现实"云游览"，通过前期全景相机摄录，经过计算机处理后形成三维空间模型，用户可通过设备进行虚拟浏览，如图 8.6 所示。

图 8.6　场景重建

4．图像恢复

图像恢复的目标在于移除图像中的噪声，例如仪器噪声、动态模糊等，如图 8.7 所示。

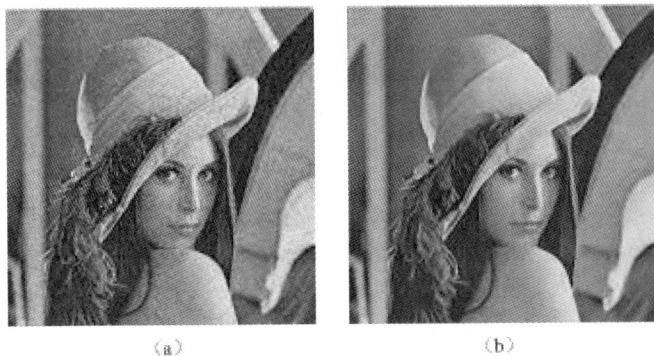

（a）　　　　　　　　　　　（b）

图 8.7　图像恢复

8.1.3　图像概述

本章所说的图像指的是位图，而非矢量图。

一幅图像是由众多像素组成的，每个像素都存储着灰度信息（灰度图像）或者颜色信息（彩色图像）。灰度图像像素如图 8.8 所示。

灰度图像中，通常每个像素通过 1 个字节来存储当前像素的灰度值，十进制下灰度值的范围为 0～255，0 代表纯黑色，255 代表纯白色，中间值代表过渡色。

而彩色图像一般由 3 个图层叠加而成，即红色、绿色和蓝色，也称作 RGB 图像，如图 8.9 所示。

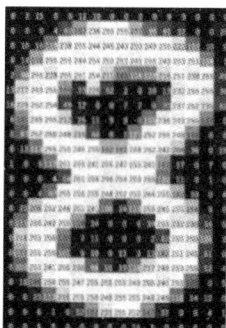

图 8.8　灰度图像像素

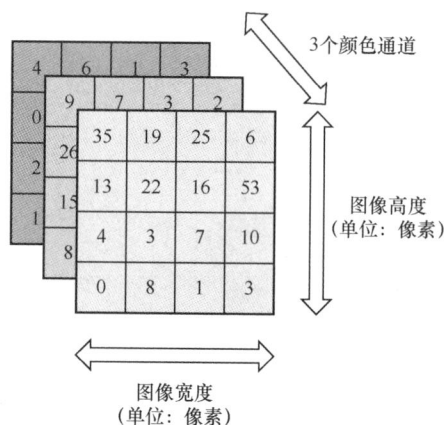

图 8.9　彩色图像的构成

8.2　计算机视觉案例与代码实现

如今近视已经成为困扰人们的一项全球性健康问题。在近视人群中，有超过 35% 的人高度近视。近视会拉长眼轴，也可能引起视网膜或者脉络膜的病变。随着近视度数的不断增长，高度近视有可能引发病理性病变，包括视网膜或者脉络膜退化、视神经萎缩、漆裂样纹损害等。因此，及早发现近视患者眼睛的病变并采取治疗措施非常重要。

iChallenge-PM 是百度大脑和中山大学中山眼科中心联合举办的 iChallenge 比赛中提供的关于病理性近视（Pathological Myopia，PM）的医疗类数据集，包含 1200 个受试者的眼底视网膜图像，训练集、验证集和测试集各包含 400 张。下面详细介绍 ResNet 在 iChallenge-PM 上的训练过程。

8.2.1　数据准备

iChallenge-PM 数据集可从百度 AI Studio 官网下载。下载的内容为 3 个压缩包文件，包括 training.zip（包含训练集的图像和标签）、validation.zip

数据准备

（包含验证集的图像）和 valid_gt.zip（包含验证集的标签），将其解压至同一个目录下，并将 PALM-Validation-GT 目录下的 PM_Label_ and_Fovea_Location.xlsx 文件转存成 CSV 格式。

iChallenge-PM 中既有病理性近视患者的眼底图像，也有非病理性近视患者的眼底图像，命名规则如下。

（1）病理性近视眼底图像：文件名以 P 开头。

（2）非病理性近视眼底图像（non-PM）。

① 高度近视眼底图像（High Myopia）：文件名以 H 开头。

② 正常眼底图像（Normal）：文件名以 N 开头。

我们将病理性近视患者的眼底图像作为正样本，标签为 1；非病理性近视患者的眼底图像作为负样本，标签为 0。从数据集中选取两幅图像，通过 ResNet 提取特征，构建分类器，对正、负样本进行分类，并将图像显示出来，如图 8.10 所示。

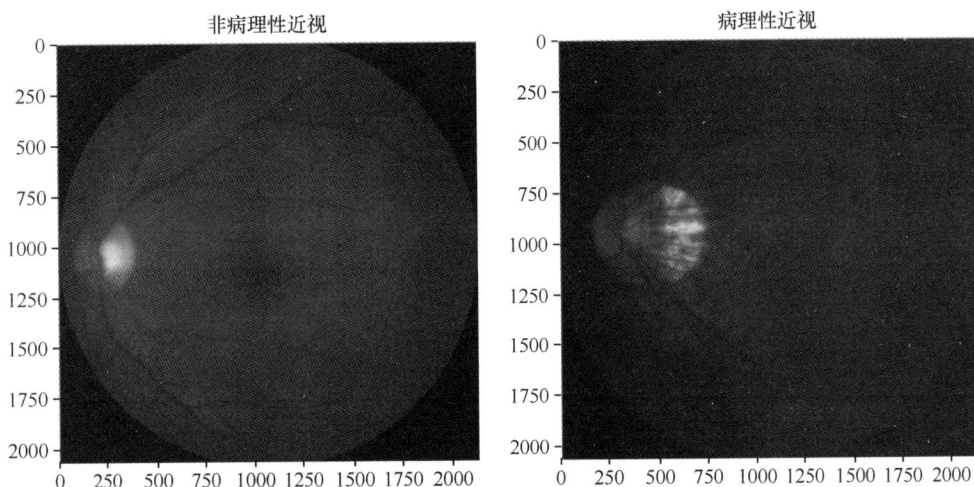

图 8.10 数据集预览

代码如下：

```
import os
import numpy as np
import matplotlib.pyplot as plt
%matplotlib inline
from PIL import Image
    DATADIR = '/Users/subin/Code/eyes/PALM-Training400/PALM-Training400'
# 文件名以 N 开头的是正常眼底图像，以 P 开头的是病变眼底图像
file1 = 'N0012.jpg'
file2 = 'P0095.jpg'

# 读取图像
img1 = Image.open(os.path.join(DATADIR, file1))
img1 = np.array(img1)
img2 = Image.open(os.path.join(DATADIR, file2))
img2 = np.array(img2)
```

```
# 显示读取的图像
plt.figure(figsize=(16, 8))
f = plt.subplot(121)
f.set_title('Normal', fontsize=20)
plt.imshow(img1)
f = plt.subplot(122)
f.set_title('PM', fontsize=20)
plt.imshow(img2)
plt.show()
```

继续输入代码：img1.shape, img2.shape。可以输出图像大小，如下所示。

```
((2056, 2124, 3), (2056, 2124, 3))
```

8.2.2 定义数据读取器

使用 OpenCV 从磁盘中导入图像，将每幅图像大小缩放到 224 像素×224 像素，并且将像素值范围调整为[-1,1]。

代码如下：

```
import cv2
import random
import numpy as np
import os
# 对导入的图像进行预处理
def transform_img(img):
    # 将图像大小缩放到 224 像素×224 像素
    img = cv2.resize(img, (224, 224))
    # 导入的图像数据格式是[H, W, C]
    # 使用转置操作将其变成[C, H, W]
    img = np.transpose(img, (2,0,1))
    img = img.astype('float32')
    # 将数据范围调整为[-1.0, 1.0]
    img = img / 255.
    img = img * 2.0 - 1.0
    return img
# 定义训练集数据读取器
def data_loader(datadir, batch_size=10, mode = 'train'):
    # 将 datadir 目录下的文件列出来，每个文件都要导入
    filenames = os.listdir(datadir)
    def reader():
        if mode == 'train':
            # 训练时随机打乱数据顺序
            random.shuffle(filenames)
        batch_imgs = []
        batch_labels = []
        for name in filenames:
            filepath = os.path.join(datadir, name)
            img = cv2.imread(filepath)
            img = transform_img(img)
            if name[0] == 'H' or name[0] == 'N':
```

```
# 以 H 开头的文件名表示高度近视眼底图像，以 N 开头的文件名表示正常眼底图像
# 高度近视和正常视力的样本都不是病理性的，属于负样本，标签为 0
                    label = 0
                elif name[0] == 'P':
                    # 以 P 开头的文件名表示病理性近视眼底图像，属于正样本，标签为 1
                    label = 1
            else:
                raise('Not excepted file name')
                # 每读取一个样本，就将其放入数据列表中
            batch_imgs.append(img)
            batch_labels.append(label)
            if len(batch_imgs) == batch_size:
                # 当数据列表的长度等于 batch_size 时
                # 把这些数据当作一个 mini-batch，并作为数据生成器的一个输出
                imgs_array = np.array(batch_imgs).astype('float32')
                labels_array = np.array(batch_labels).astype('float32').reshape(-1, 1)
                yield imgs_array, labels_array
                batch_imgs = []
                batch_labels = []

        if len(batch_imgs) > 0:
            # 剩余样本数目不足一个 batch_size 的数据，一起打包成一个 mini-batch
            imgs_array = np.array(batch_imgs).astype('float32')
            labels_array = np.array(batch_labels).astype('float32').reshape(-1, 1)
            yield imgs_array, labels_array
    return reader
# 定义验证集数据读取器
def valid_data_loader(datadir, csvfile, batch_size=10, mode='valid'):
    # 训练集通过读取文件名来确定样本标签，验证集则通过读取 csvfile 文件获取每幅图像对应的标签
    # 请查看解压后的验证集标签数据，观察 csvfile 文件里面所包含的内容
    # csvfile 文件所包含的内容格式如下，每一行代表一个样本
    # 其中第一列是图像 ID，第二列是文件名，第三列是图像标签
    # 第四列和第五列是 Fovea 的坐标，与分类任务无关
    # ID,imgName,Label,Fovea_X,Fovea_Y
    # 1,V0001.jpg,0,1157.74,1019.87
    # 2,V0002.jpg,1,1285.82,1080.47
    # 打开包含验证集标签的 csvfile 文件，并导入其中的内容
    filelists = open(csvfile).readlines()
    def reader():
        batch_imgs = []
        batch_labels = []
        for line in filelists[1:]:
            line = line.strip().split(',')
            name = line[1]
            label = int(line[2])
            # 根据图像文件名加载图像，并对图像数据做预处理
            filepath = os.path.join(datadir, name)

        img = cv2.imread(filepath)
            img = transform_img(img)
            # 每读取一个样本，就将其放入数据列表中
            batch_imgs.append(img)
```

```
            batch_labels.append(label)
        if len(batch_imgs) == batch_size:
            # 当数据列表的长度等于 batch_size 时
            # 把这些数据当作一个 mini-batch，并作为数据生成器的一个输出
            imgs_array = np.array(batch_imgs).astype('float32')
            labels_array = np.array(batch_labels).astype('float32').reshape(-1, 1)
            yield imgs_array, labels_array
            batch_imgs = []
            batch_labels = []

    if len(batch_imgs) > 0:
        # 剩余样本数目不足一个 batch_size 的数据，一起打包成一个 mini-batch
        imgs_array = np.array(batch_imgs).astype('float32')
        labels_array = np.array(batch_labels).astype('float32').reshape(-1, 1)
        yield imgs_array, labels_array

    return reader

# 查看数据形状
DATADIR = '/Users/subin/Code/eyes/PALM-Training400/PALM-Training400'
train_loader = data_loader(DATADIR,
                    batch_size=10, mode='train')
data_reader = train_loader()
data = next(data_reader)
data[0].shape, data[1].shape

eval_loader = data_loader(DATADIR,
                    batch_size=10, mode='eval')
data_reader = eval_loader()
data = next(data_reader)
data[0].shape, data[1].shape
```

运行结果如下：

```
((10, 3, 224, 224), (10, 1))
```

8.2.3 模型训练

代码如下：

```
# -*- coding:UTF-8 -*-
# ResNet 模型代码
# ResNet 中使用了 BatchNorm 层，在卷积层的后面加上 BatchNorm 层用来提升数值稳定性
import numpy as np
import paddle
import paddle.nn as nn
import paddle.nn.functional as F
# 定义卷积批归一化块
class ConvBNLayer(paddle.nn.Layer):
    def __init__(self,
                num_channels,
                num_filters,
                filter_size,
```

```
                stride=1,
                groups=1,
                act=None):
        """  num_channels: 卷积层的输入通道数
        num_filters: 卷积层的输出通道数
        stride: 卷积层的步幅
        groups: 分组卷积的组数，默认 groups=1，表示不使用分组卷积   """
        super(ConvBNLayer, self).__init__()
        # 创建卷积层
        self._conv = nn.Conv2D(
            in_channels=num_channels,
            out_channels=num_filters,
            kernel_size=filter_size,
            stride=stride,
            padding=(filter_size - 1) // 2,
            groups=groups,
            bias_attr=False)
        # 创建 BatchNorm 层
        self._batch_norm = paddle.nn.BatchNorm2D(num_filters)
        self.act = act
    def forward(self, inputs):
        y = self._conv(inputs)
        y = self._batch_norm(y)
        if self.act == 'leaky':
            y = F.leaky_relu(x=y, negative_slope=0.1)
        elif self.act == 'relu':
            y = F.relu(x=y)
        return y
# 定义残差块
# 每个残差块都会对输入图像做 3 次卷积，然后与输入图像进行短接
# 如果残差块中第三次卷积输出特征图的形状与输入不一致，则对输入图像做 1×1 卷积，将其输出形状调整一致
class BottleneckBlock(paddle.nn.Layer):
    def __init__(self,
                 num_channels,
                 num_filters,
                 stride,
                 shortcut=True):
        super(BottleneckBlock, self).__init__()
        # 创建第一个卷积层，大小为 1×1
        self.conv0 = ConvBNLayer(
            num_channels=num_channels,
            num_filters=num_filters,
            filter_size=1,
            act='relu')
        # 创建第二个卷积层，大小为 3×3
        self.conv1 = ConvBNLayer(
            num_channels=num_filters,
            num_filters=num_filters,
            filter_size=3,
            stride=stride,
            act='relu')
        # 创建第三个卷积层，大小为 1×1，但输出通道数乘以 4
```

```python
        self.conv2 = ConvBNLayer(
            num_channels=num_filters,
            num_filters=num_filters * 4,
            filter_size=1,
            act=None)
        # 如果 conv2 的输出与此残差块的输入数据形状一致，则 shortcut=True
        # 否则 shortcut = False，添加一个 1×1 的卷积层用于处理输入数据，使其形状与 conv2 的一致
        if not shortcut:
            self.short = ConvBNLayer(
                num_channels=num_channels,
                num_filters=num_filters * 4,
                filter_size=1,
                stride=stride)
        self.shortcut = shortcut
        self._num_channels_out = num_filters * 4
    def forward(self, inputs):
        y = self.conv0(inputs)
        conv1 = self.conv1(y)
        conv2 = self.conv2(conv1)
        # 如果 shortcut=True，直接将 inputs 与 conv2 的输出相加
        # 否则需要对 inputs 进行一次卷积，将形状调整成与 conv2 的输出一致
        if self.shortcut:
            short = inputs
        else:
            short = self.short(inputs)

        y = paddle.add(x=short, y=conv2)
        y = F.relu(y)
        return y
# 定义 ResNet 模型
class ResNet(paddle.nn.Layer):
    def __init__(self, layers=50, class_dim=1):
        """
        layers: 网络层数，可以是 50、101 或者 152
        class_dim: 分类标签的类别数
        """
        super(ResNet, self).__init__()
        self.layers = layers
        supported_layers = [50, 101, 152]
        assert layers in supported_layers, \
            "supported layers are {} but input layer is {}".format(supported_layers, layers)
        if layers == 50:
            #ResNet50 包含多个模块，其中第 2 到第 5 个模块分别包含 3、4、6、3 个残差块
            depth = [3, 4, 6, 3]
        elif layers == 101:
            #ResNet101 包含多个模块，其中第 2 到第 5 个模块分别包含 3、4、23、3 个残差块
            depth = [3, 4, 23, 3]
        elif layers == 152:
            #ResNet152 包含多个模块，其中第 2 到第 5 个模块分别包含 3、8、36、3 个残差块
            depth = [3, 8, 36, 3]
        # 残差块中使用到的卷积的输出通道数
        num_filters = [64, 128, 256, 512]
```

```python
        # 定义 ResNet 的第一个模块 c1，包含一个 7×7 卷积层，后面跟着一个最大池化层
        self.conv = ConvBNLayer(
            num_channels=3,
            num_filters=64,
            filter_size=7,
            stride=2,
            act='relu')
        self.pool2d_max = nn.MaxPool2D(
            kernel_size=3,
            stride=2,
            padding=1)
        # 定义 ResNet 的第 2 到第 5 个模块 c2、c3、c4、c5
        self.bottleneck_block_list = []
        num_channels = 64
        for block in range(len(depth)):
            shortcut = False
            for i in range(depth[block]):
                # c3、c4、c5 将会在第一个残差块中使用 stride=2，其余所有残差块使用 stride=1
                bottleneck_block = self.add_sublayer(
                    'bb_%d_%d' % (block, i),
                    BottleneckBlock(
                        num_channels=num_channels,
                        num_filters=num_filters[block],
                        stride=2 if i == 0 and block != 0 else 1,
                        shortcut=shortcut))
                num_channels = bottleneck_block._num_channels_out
                self.bottleneck_block_list.append(bottleneck_block)
                shortcut = True

        # 在 c5 的输出特征图上使用全局池化
        self.pool2d_avg = paddle.nn.AdaptiveAvgPool2D(output_size=1)
        # stdv 用来作为全连接层随机初始化参数的方差
        import math
        stdv = 1.0 / math.sqrt(2048 * 1.0)

        # 创建全连接层，输出大小为类别数目，经过残差网络的卷积和全局池化后，
        # 卷积特征的维度是 [B,2048,1,1]，其中 B 表示该批次样本的数量，故最后一层全连接的输入维度是 2048
        self.out = nn.Linear(in_features=2048, out_features=class_dim,
                weight_attr=paddle.ParamAttr(
                initializer=paddle.nn.initializer.Uniform(-stdv, stdv)))
    def forward(self, inputs):
        y = self.conv(inputs)
        y = self.pool2d_max(y)
        for bottleneck_block in self.bottleneck_block_list:
            y = bottleneck_block(y)
        y = self.pool2d_avg(y)
        y = paddle.reshape(y, [y.shape[0], -1])
        y = self.out(y)
        return y
# 创建模型
model = ResNet()
# 定义优化器
opt = paddle.optimizer.Momentum(learning_rate=0.001, momentum=0.9,
```

```
parameters=model.parameters(), weight_decay=0.001)
# 启动训练过程
train_pm(model, opt)
```

运行结果如下：

```
start training ...
epoch: 0, batch_id: 0, loss is: 0.8275
epoch: 0, batch_id: 20, loss is: 0.6549
[validation] accuracy/loss: 0.6925/0.5855
epoch: 1, batch_id: 0, loss is: 0.5989
epoch: 1, batch_id: 20, loss is: 0.6604
[validation] accuracy/loss: 0.7225/0.5823
epoch: 2, batch_id: 0, loss is: 0.5239
epoch: 2, batch_id: 20, loss is: 0.7901
[validation] accuracy/loss: 0.8900/0.2743
epoch: 3, batch_id: 0, loss is: 0.2822
epoch: 3, batch_id: 20, loss is: 1.0814
[validation] accuracy/loss: 0.8550/0.3418
epoch: 4, batch_id: 0, loss is: 0.2870
epoch: 4, batch_id: 20, loss is: 0.1878
[validation] accuracy/loss: 0.8900/0.2629
```

观察运行结果可以发现，在 iChallenge-PM 数据集上使用 ResNet，loss 能有效地下降，经过 5 个 epoch 的训练，在验证集上的准确率可以达到 89%。

8.3 基于 YOLO 的计算机视觉案例

8.3.1 YOLO 计算机视觉框架

计算机视觉任务的第一步就是目标检测。目标检测是计算机视觉项目中非常重要的一部分，用于识别和定位图像或视频中的对象，在人脸识别、多目标追踪、客流统计等项目中经常会使用。在实际目标检测任务的框架中，YOLO 系列是当前人们关注的重点。

YOLO（You Only Look Once）是目前流行的目标检测框架，由约瑟夫·雷德蒙（Joseph Redmon）等人于 2015 年提出。YOLO 框架的核心思想就是把目标检测转变成一个回归任务，而不是分类任务。利用整张图作为网络的输入，仅经过单个卷积神经网络得到边界框的位置及其所属的类别。

YOLO 基于深度神经网络的对象识别和定位算法，其最大的特点是运行速度很快，可以用于实时系统。而且，最新版本的 YOLO 提供了更好的泛化性能，成为快速和强大的目标检测工具。

2018 年 YOLOv3 被提出，经过改进又推出了 YOLOv4。在 2020 年，Ultralytics 公司在 GitHub 上正式发布了 YOLOv5。YOLO 系列可以说是单机目标检测框架中的前沿框架。由于 YOLOv5 是在 PyTorch 中实现的，它受益于成熟的 PyTorch 生态系统，因此部署更容易。

相对前面的版本，YOLOv5 推理速度更快。YOLOv5 官方代码中给出的目标检测网络一共有 4 个版本，分别是 YOLOv5s、YOLOv5m、YOLOv5l、YOLOv5x。这 4 个版本都是以 YAML 格式来呈现的。

同时，每个网络都包含两个参数，即 depth_multiple 和 width_multiple，其中 depth_multiple 用于控制网络的深度，width_multiple 用于控制网络的宽度。

8.3.2　基于 YOLO 的计算机视觉综合案例实现

首先安装 YOLOv5，根据 Ultralytics 公司提供的 YOLOv5 文档步骤，复制代码仓库，安装依赖项并检查 PyTorch 和 GPU。

代码如下：

```
#自行下载 YOLOv5 安装包
%cd yolov5
%pip install -qr requirements.txt   # 安装包

import torch
from yolov5 import utils
display = utils.notebook_init()   # 环境检查
```

正常运行后，得到如下反馈：

```
YOLOv5 🚀 v6.0-48-g84a8099 torch 1.10.0+cu102 CUDA:0(Tesla V100-SXM2-16GB, 16160MiB)
Setup complete ✅
```

模块中的 detect.py 程序能够在各种源上运行 YOLOv5，自动从最新 YOLOv5 release 下载模型，并将结果保存到 runs/detect。推断来源示例如下：

```
!python detect.py --weights yolov5s.pt --img 640 --conf 0.25 --source data/images
display.Image(filename='runs/detect/exp/zidane.jpg', width=600)
```

成功运行后，返回结果如下：

```
detect: weights=['yolov5s.pt'], source=data/images,imgsz=[640, 640], conf_thres=0.25,
iou_thres=0.45, max_det= 1000, device=, view_img=False, save_txt=False, save_conf=False,
save_crop=False, nosave=False, classes=None, agnostic_nms=False, augment=False, visualize=
False, update=False, project=runs/detect, name=exp, exist_ok=False, line_thickness=3, hide_
labels=False, hide_conf=False, half=False, dnn=False
YOLOv5 🚀 v6.0-48-g84a8099 torch 1.10.0+cu102 CUDA:0(Tesla V100-SXM2-16GB, 16160MiB)
Fusing layers…
Model Summary:213 layers,7225885 parameters,0 gradients
image 1/2/content/yolov5/data/images/bus.jpg:640x480 4 persons, 1 bus, Done. (0.007s)
image 2/2/content/yolov5/data/images/zidane.jpg:384x640 2 persons, 1 tie, Done. (0.007s)
Speed:0.5ms pre-process,6.9ms inference, 1.3ms NMS per image at shape(1,3, 640,640)
Results saved to runs/detect/exp
```

示例图像的检测结果如图 8.11 所示。

接下来，在 COCO val 数据集或测试集上验证模型的准确性。从最新 YOLOv5 release 自动下载数据集，下载数据集后进行测试。

代码如下：

```
# 在 COCO val 数据集上运行 YOLOv5x 模型
!python val.py --weights yolov5x.pt --data coco.yaml --img 640 --iou 0.65 --half
```

图 8.11　示例图像的检测结果

运行结果如下：

```
val: data= content/yolov5/data/coco.yaml, weights=['yolov5x.pt'], batch_size32,
imgsz=640, conf_thres=0.001, iou_thres=0.65. task=val, device=, single_cls=False,
augment=False, verbose=False, save_txt=False, save_hybrid=False, save_conf=False,
save_json=True, project=runs/val, name=exp, exist_ok=False, half=True
    YOLOv5 🚀 v6.0-48-g84a8099 torch 1.10.0+cu102 CUDA:0(Tesla V100-SXM2-16GB, 16160MiB)

    Downloading
to yolov5x.pt…
    100% 166M/166M[00:03<00:00,54.1MB/s]


    Fusing layers…
    Model Summary: 444 layers, 86705005 parameters, 0 gradients
    val:Scanning'../datasets/coco/val2017'images and labels… 4952 found, 48 missing, 0
empty, 0 corrupted: 100% 5000/5000 [00:01<00:00, 2636.64it/s]
    val:New cache created:../datasets/coco/val2017.cache
            Class Images Labels  P   R mAP@.5 mAP@.5:.95:100%157/157[01:12<00:00,2.17it/s]
            all  5000   36335 0.729 0.63  0.683  0.496
    Speed:0.1ms pre-process, 4.9ms inference, 1.9ms NMS per image at shape (32,3,640, 640)

    Accumulating evaluation results...
    DONE(t=14.54s).
     Average Precision   (AP)@[ IoU=0.50:0.95 | area=   all | maxDets=100 ]= 0.507
     Average Precision   (AP)@[ IoU=0.50     | area=   all | maxDets=100 ]= 0.689
     Average Precision   (AP)@[ IoU=0.75     | area=   all | maxDets=100 ]= 0.552
     Average Precision   (AP)@[ IoU=0.50:0.95 | area= small | maxDets=100 ]= 0.345
     Average Precision   (AP)@[ IoU=0.50:0.95 | area=medium | maxDets=100 ]= 0.559
     Average Precision   (AP)@[ IoU=0.50:0.95 | area= large | maxDets=100 ]= 0.652
     Average Recall      (AR)@[ IoU=0.50:0.95 | area=   all | maxDets=  1 ]= 0.381
     Average Recall1     (AR)@[ IoU=0.50:0.95 | area=   all | maxDets= 10 ]= 0.630
     Average Recall1     (AR)@[ IoU=0.50:0.95 | area=   all | maxDets=100 ]= 0.682
     Average Recall      (AR)@[ IoU=0.50:0.95 | area= small | maxDets=100 ]= 0.526
     Average Recall1     (AR)@[ IoU=0.50:0.95 | area=medium | maxDets=100 ]= 0.732
     Average Recall      (AR)@[ IoU=0.50:0.95 | area= large | maxDets=100 ]= 0.829
    Results saved to runs/val/exp
```

类似地，可以下载并使用COCO test 测试集测试模型。

代码如下：

```
# 下载 COCO test-dev2017 数据集
torch.hub.download_url_to_file('https://███████████████████████████.zi
p', 'tmp.zip')
!unzip -q tmp.zip -d ../datasets && rm tmp.zip
!f="test2017.zip" && curl http://███████████████████████/$f -o $f && unzip -q
$f -d ../datasets/coco/images

# 在 COCO test 测试集执行 YOLOv5x
!python val.py --weights yolov5x.pt --data coco.yaml --img 640 --iou 0.65 --half
--task test
```

使用--data coco128.yaml 语句能够在 COCO128 数据集上训练 YOLOv5s 模型，从预训练的--weights yolov5s.pt 开始，或从随机初始化的--weight--cfg yolov5s.yaml 开始。接下来从最新 YOLOv5 release 自动下载预训练模型。可供自动下载的数据集包括 COCO、COCO128、VOC、Argoverse、VisDrone、Global Wheat、xView、Objects365、SKU-110K。最后自动将训练结果保存到 runs/train/。

在准备数据集时，可以使用 Roboflow 平台，如图 8.12 所示。Roboflow 平台能够让用户用自定义数据轻松组织、标记和准备高质量数据集。Roboflow 平台还可以轻松建立主动学习管道，使团队协作改进数据集，并使用 Roboflow pip 包将其直接集成到模型构建工作流中。

图 8.12 使用 Roboflow 平台快速标记图像

下面使用 YOLOv5s 对 COCO128 数据集进行训练。
代码如下：

```
# TensorBoard 显示
```

```
%load_ext tensorboard
%tensorboard --logdir runs/train

#权重和偏置
%pip install -q wandb
import wandb
wandb.login()

# 使用 COCO128 数据集训练 YOLOv5s
!python train.py --img 640 --batch 16 --epochs 3 --data coco128.yaml --weights
yolov5s.pt --cache
```

运行结果如下：

train: weights=yolov5s.pt, cfg=, data=coco128.yaml, hyp=data/hyps/hyp.scratch.yaml, epochs=3, batch_size=16, imgsz=640, rect=False, resume=False, nosave=False, noval=False, noautoanchor=False, evolve=None, bucket=, cache=ram, image_weights=False, device=, multi_scale=False, single_cls=False, adam=False, sync_bn=False, workers=8, project=runs/train, name=exp, exist_ok=False, quad=False, linear_lr=False, label_smoothing=0.0, patience=100, freeze=0, save_period=-1, local_rank=-1, entity=None, upload_dataset=False, bbox_interval=-1, artifact_alias=latest

github: up to date with ▓▓▓▓▓▓▓▓▓▓▓▓▓▓▓▓▓ ✓

YOLOv5 🚀 v6.0-48-g84a8099 torch 1.10.0+cu102 CUDA:0 (Tesla V100-SXM2-16GB, 16160MiB)

hyperparameters: lr0=0.01, lrf=0.1, momentum=0.937, weight_decay=0.0005, warmup_epochs=3.0, warmup_momentum=0.8, warmup_bias_lr=0.1, box=0.05, cls=0.5, cls_pw=1.0, obj=1.0, obj_pw=1.0, iou_t=0.2, anchor_t=4.0, fl_gamma=0.0, hsv_h=0.015, hsv_s=0.7, hsv_v=0.4, degrees=0.0, translate=0.1, scale=0.5, shear=0.0, perspective=0.0, flipud=0.0, fliplr=0.5, mosaic=1.0, mixup=0.0, copy_paste=0.0

Weights & Biases: run 'pip install wandb' to automatically track and visualize YOLOv5 🚀 runs (RECOMMENDED)

TensorBoard: Start with 'tensorboard --logdir runs/train', view at ▓▓▓▓▓▓▓▓▓▓▓▓▓

```
      from  n    params  module                                    arguments        0  -1  1
3520  models.common.Conv                       [3, 32, 6, 2, 2]  1               -1  1
18560 models.common.Conv                       [32, 64, 3, 2]   2               -1  1
18816 models.common.C3                         [64, 64, 1]
...
23         -1  1  1182720  models.common.C3              [512, 512, 1, False] 24
[17, 20, 23] 1    229245  models.yolo.Detect            [80, [[10, 13, 16, 30, 33, 23], [30,
61, 62, 45, 59, 119], [116, 90, 156, 198, 373, 326]], [128, 256, 512]]
```

Model Summary: 270 layers, 7235389 parameters, 7235389 gradients, 16.5 GFLOPs

Transferred 349/349 items from yolov5s.pt

Scaled weight_decay = 0.0005

optimizer: SGD with parameter groups 57 weight, 60 weight (no decay), 60 bias

albumentations: version 1.0.3 required by YOLOv5, but version 0.1.12 is currently installed

train: Scanning '../datasets/coco128/labels/train2017.cache' images and labels... 128 found, 0 missing, 2 empty, 0 corrupted: 100% 128/128 [00:00<?, ?it/s]

train: Caching images (0.1GB ram): 100% 128/128 [00:00<00:00, 296.04it/s]

val: Scanning '../datasets/coco128/labels/train2017.cache' images and labels... 128 found, 0 missing, 2 empty, 0 corrupted: 100% 128/128 [00:00<?, ?it/s]

val: Caching images (0.1GB ram): 100% 128/128 [00:01<00:00, 121.58it/s]

Plotting labels...

AutoAnchor: Analyzing anchors... anchors/target = 4.27, Best Possible Recall (BPR) = 0.9935

Image sizes 640 train, 640 val

Using 2 dataloader workers

Logging results to **runs/train/exp**

```
Starting training for 3 epochs...
Epoch   gpu_mem   box      obj      cls      labels  img_size
0/2     3.62G     0.04621  0.0711   0.02112  203     640: 100% 8/8 [00:04<00:00,  1.99it/s]
Class   Images    Labels   P        R       mAP@.5  mAP@.5:.95: 100% 4/4 [00:00<00:00,  4.37it/s]
 all    128       929      0.655    0.547    0.622          0.41
Epoch   gpu_mem   box      obj      cls      labels  img_size
1/2     5.31G     0.04564  0.06898  0.02116  143     640: 100% 8/8 [00:01<00:00,  4.77it/s]
Class   Images    Labels   P        R       mAP@.5  mAP@.5:.95: 100% 4/4 [00:00<00:00,  4.27it/s]
all     128       929      0.68     0.554    0.632          0.419
Epoch gpu_mem box     obj      cls      labels  img_size
2/2     5.31G     0.04487  0.06883  0.01998  253     640: 100% 8/8 [00:01<00:00,  4.91it/s]
Class   Images    Labels  P  R       mAP@.5  mAP@.5:.95: 100% 4/4 [00:00<00:00,  4.30it/s]
all     128       929 0.71    0.544     0.629          0.423
3 epochs completed in 0.003 hours.
Optimizer stripped from runs/train/exp/weights/last.pt, 14.9MB
Optimizer stripped from runs/train/exp/weights/best.pt, 14.9MB
Validating runs/train/exp/weights/best.pt...
Fusing layers...
Model Summary: 213 layers, 7225885 parameters, 0 gradients, 16.5 GFLOPs
Class   Images    Labels   P        R       mAP@.5  mAP@.5:.95:100% 4/4 [00:03<00:00,  1.04it/s]
 All    128       929      0.71     0.544    0.63           0.423
 person 128       254      0.816    0.669    0.774          0.507
 bicycle 128      6        0.799    0.667    0.614          0.371
...
spoon   128       22       0.836    0.364    0.536          0.264
couch   128       6        0.68     0.36     0.746          0.406
...
Toothbrush 128             5        0.99     0.6     0.662          0.45
Results saved to runs/train/exp
```

模型性能报告中给出了模型对各个类别物体的检测准确率，并自动将运行结果保存在指定目录下。

8.4 课后习题

1．编程题

（1）请选择 PyTorch 或 YOLO 深度学习框架，搭建一个 LeNet 卷积神经网络。

（2）请安装 OpenVINO 框架，并尝试修改 OpenVINO 教程的代码，完成图像分割、目标识别等任务。

8.4 课后习题
编程题（1）

2．思考题

（1）计算机视觉领域有哪些实际应用？

（2）卷积神经网络的基本模块有哪些？各自的作用是什么？

第9章 自然语言处理

本章概要

自然语言处理是人工智能领域中的一个重要方向。它是研究能实现人与计算机之间用自然语言进行有效通信的各种理论和方法。自然语言处理是一门集语言学、计算机科学、数学于一体的学科。自然语言处理主要应用于机器翻译、舆情监测、自动摘要、观点提取、文本分类、语音识别等方面。

本章主要对自然语言处理的起源和发展、自然语言处理存在的困难及自然语言处理流程几方面做简要介绍。

学习目标

完成对本章的学习后，要求达到以下目标：

（1）了解自然语言处理的发展；

（2）了解自然语言处理存在哪些主要困难；

（3）熟悉自然语言处理流程；

（4）掌握自然语言处理实例。

9.1 自然语言处理概述

语言是人类进行沟通、交流的工具之一。尽管通过声音、图片、动作、表情等也可以传递人们的思想，但是语言是最重要的也是最方便的媒介。语言的三要素是语音、语法和词汇。

计算机要完成各种工作，就需要有一套机器能够理解并执行的语言来控制计算机的行为，该语言称作计算机语言。计算机语言的种类非常多，通常可以分成机器语言、汇编语言、高级语言三大类。

用人类习惯的自然语言与计算机进行通信，这是我们长期以来所追求的目标。自然语言处理是以语言为对象，利用计算机技术来分析、理解和处理自然语言的一门学科，即把计算机作为语言研究的强大工具，在计算机的支持下对语言信息进行定量化的研究，并提供人与计算机能共同使用的语言描写。实现人机间自然语言通信，意味着要使计算机既能理解自然语言文本的意义，也能以自然语言文本来表达给定的意图、思想等。前者称为自然语言理解，后者称为自然语言生成。因此，自然语言处理大体包括自然语言理解和自然语言生成。

自然语言处理过程的简要示意如图 9.1 所示。

图 9.1　自然语言处理过程的简要示意

自然语言处理的发展主要分为以下几个阶段。

（1）早期自然语言处理

1950 年图灵提出著名的图灵测试，被认为是自然语言处理思想的开端。在自然语言处理发展的兴起阶段，大量的研究工作聚焦于从语言学角度，分析自然语言的词法、句法等结构信息，并通过总结这些结构之间的规则，达到处理和使用自然语言的目的。

（2）统计自然语言处理

20 世纪 90 年代基于统计的机器学习开始流行，很多自然语言处理开始使用基于统计的方法。研究者使用人工提取自然语言特征的方式，结合简单的统计机器学习算法解决自然语言问题。其实现方式是基于研究者在不同领域总结的经验，将自然语言抽象成一组特征，使用这组特征结合少量标注样本，训练各种统计机器学习模型（如支持向量机、决策树、随机森林、概率图模型等），完成不同的自然语言任务。

（3）神经网络自然语言处理

随着深度学习的发展，自然语言处理开始进入新的阶段。通过引入深度学习或人工神经网络，单词和句子由向量空间中的位置表示，意义或语法的相似性由向量空间中的相似度表示。基于海量数据，并结合深度神经网络的强大拟合能力，人们可以轻松地应对各种自然语言处理问题。

近年来，研究者发现通过增加预训练语言模型的参数量和数据量，大语言模型能够在自然语言处理效果显著提升的同时，展示出许多小语言模型不具备的特殊能力，如上下文学习能力、逐步推理能力等。如今，作为代表性的大语言模型应用 ChatGPT 展现出了超强的人机对话能力和任务求解能力，给人工智能研究带来了巨大的影响。

自然语言处理技术在生活中应用广泛，例如机器翻译、语音识别后实现文字转换、信息检索、舆情分析和观点挖掘等。它们应用了自然语言处理当中的语法分析、语义分析、篇章理解等技术，是人工智能界的前沿研究领域。时至今日，人工智能在这些技术领域的发展已经把识别准确率从 70% 提高到了 90% 以上，但只有当准确率提高到 99% 及以上时，才能被认定为自然语言处理的技术达到人类水平，这仍然是巨大的困难和挑战。

9.1.1 常见的自然语言处理任务

1．文本或文档分类

文本或文档分类是最基本的自然语言处理任务之一，包括根据内容为文本或文档分配类别（标签）。这也是自然语言处理最早的应用领域之一。

2．情感分析

情感分析也可以认为是文本或文档分类的一个子类型。情感分析往往应用于电商的用户评价分析、微博等自媒体的用户留言倾向分析、公共事件的舆情分析等。使用自然语言处理算法确定文本的正面、负面或中性内涵。用例包括通过分析推文、帖子、评论等来分析用户的反馈，预测发展趋势、进行市场研究等。

3．信息抽取

信息抽取，即从文本中提取名称、位置、日期、产品名称等信息。

4．机器翻译

机器翻译相关应用有谷歌翻译、百度翻译、有道翻译等。它是自然语言处理的一个分支，是人工智能的终极目标之一，具有重要的科学研究价值。

5．文本摘要

使用文本摘要可为一篇完整的文章做一个总结。例如可以将一篇 300 字的新闻稿缩短为 60 字的新闻摘要。

6．拼写检查和语法纠正

如果句子中出现拼写错误或发生某些语法错误，该任务会突出显示该单词或句子，以便我们纠正该单词或句子。

7．语音转文本

例如微信中将语音转为文本的语言处理工具。

8．智能问答

智能问答，即用户就某一领域的问题进行提问，机器基于该领域的知识给出答案。

9．信息检索

信息检索指将信息按一定的方式组织起来，并根据用户的需要找出相关信息的过程和技术。搜索引擎是当前主流的信息检索工具，谷歌、百度、搜狗等搜索引擎在信息检索方面已经取得了巨大的成就。大模型在信息检索中的应用日益广泛，其强大的自然语言处理能力和多模态信息处理能力大大提高了检索的准确性和效率，甚至能够提供个性化检索服务。

9.1.2 自然语言处理的主要困难

自然语言处理的主要困难在于消除歧义问题，如词法分析、句法分析、语义分析等过程中存在的歧义问题，简称消歧。首先，由于中文词与词之间缺少天然的分隔符，因此中文的文字处理比英文等的多一步确定词边界的工序，即"中文自动分词"任务。通俗地说，就是要由计算机在词与词之间自动加上分隔符，从而将中文文本切分为独立的词。例如"今天天气晴朗"这句话带有分隔符的切分文本是"今天|天气|晴朗"。自动分词处于中文自然语言处理的底层，这意味着它是理解语言的第一道工序，但正确的词切分又取决于对文本语义的正确理解。这形成了一个"鸡生蛋、蛋生鸡"的问题，成为自然语言处理的第一个难点。此外，正确理解人类语言还要有足够的背景知识，特别是对于成语和歇后语的理解。若机器翻译系统对成语的了解不多，仅从字面上进行翻译，结果会"失之毫厘，谬之千里"。人类语言是复杂的、多样的。世界上有几千种语言，它们都有自己的句法和语义规则。自然语言处理的主要困难有以下几方面。

1. 歧义

歧义指可以以不止一种方式解释。一个单词、一个短语或一个句子可以有不同的含义。例如，"咬死了猎人的熊"这句话可理解为"猎人的熊被咬死了"或"猎人被熊咬死了"。我们可以通过段落上下文理解其确切含义，但机器很难理解。

2. 上下文词义不同

再来看一个例子："请您在方便的时候，到访我们这里"和"需要方便的游客，请往右侧走"。这里我们可以看到"方便"被使用了两次，但两次的含义不同。我们很容易理解这两句话，但对于一台机器来说，理解起来是有些困难的。

3. 口语和俚语

口语和俚语都是语言的口语形式。比如"小菜一碟""这个任务简直小菜一碟"，机器可能会理解为"这是一碟小菜"。所以机器很难理解这样的词。

由于存在以上一些语义理解的偏差，因此自然语言处理会面临一些困难。

9.2 自然语言处理流程

自然语言处理流程包括以下步骤：语料获取、语料预处理、文本向量化、模型构建、模型训练、模型评估。语料是语言学研究的内容，是构成语料库的基本单元。维基百科会定期把各种语言的百科网页全部打包存储起来，这些文件可以作为语料库来使用。

语料预处理主要包括中文分词、词性标注、去除停用词、关键词提取等。

9.2.1　中文分词

分词就是将连续的字序列按照一定的规范重新组合成语义独立的词序列的过程。我们知道，在英文的行文中，单词之间是以空格作为自然分隔符的，但中文只有字、句和段能通过明显的分隔符来简单划界，而词没有形式上的分隔符。虽然英文也同样存在短语的划分问题，不过在词这一层上，中文比英文要复杂、困难得多。

1．分词方法

现有的分词方法可分为三大类：基于字符串匹配的分词方法、基于统计的分词方法和基于深度学习的分词方法。按照是否与词性标注过程相结合，又可以分为单纯分词方法和分词与标注相结合的一体化方法。

2．字符串匹配

字符串匹配又叫作机械分词，它按照一定的策略将待分析的字符串与一个"充分大的"机器词典中的词条进行匹配，若在词典中找到某个字符串，则匹配成功（识别出一个词）。按照扫描方向的不同，字符串匹配可以分为正向匹配和逆向匹配；按照不同长度优先匹配的情况，字符串匹配可以分为最大（最长）匹配和最小（最短）匹配。常用的几种字符串匹配方法如下：

（1）正向最大匹配法（由左到右的方向）；

（2）逆向最大匹配法（由右到左的方向）；

（3）最少切分法（使每一句中切出的词数最少）；

（4）双向最大匹配法（进行由左到右、由右到左两次扫描）。

由于中文具有单字成词的特点，正向最小匹配法和逆向最小匹配法一般很少使用。一般，逆向匹配的切分精度略高于正向匹配的，遇到的歧义现象也较少。统计结果表明，单纯使用正向最大匹配法的错误率为 1/169，单纯使用逆向最大匹配法的错误率为 1/245。但这种精度远远不能满足实际的需要。实际使用的分词系统都是把字符串匹配作为一种初分手段，还需利用各种其他的语言信息来进一步提高切分的准确率。

随着自然语言处理技术的发展，开源的分词工具有很多，为分词提供了方便。其中，Jieba 分词工具除了提供分词功能外，还提供了关键词提取和词性标注等功能。Python 中这个分词工具的名字是 Jieba，所以，我们有时也称它为"Jieba 分词"，Jieba 分词是结合了规则和统计两种方法的分词工具。

【例 9.1】Jieba 分词示例程序。

代码如下：

```
import jieba
seg_list = jieba.cut("上海市人民政府为人民服务", cut_all=True)
print("【全模式】: " + "/ ".join(seg_list))
```

例 9.1

```
seg_list = jieba.cut("上海市人民政府为人民服务", cut_all=False)
print("【精确模式】: " + "/ ".join(seg_list))
seg_list = jieba.cut_for_search("上海市人民政府为人民服务")
print("【搜索引擎模式】: " + ", ".join(seg_list))
```

运行结果如下：

【全模式】：上海/上海市/上海市人/上海市人民政府/海市/人民/人民政府/民政/政府/为/人民/服务

【精确模式】：上海市人民政府/ 为/ 人民/ 服务

【搜索引擎模式】：上海，海市，人民，民政，政府，上海市，上海市人民政府，为，人民，服务

9.2.2　词性标注

词性标注也被称为语法标注，是将语料库内词的词性按其含义和上下文进行标记的文本数据处理技术。词性标注可以由人工完成，也可以使用机器学习算法实现。常见的词性标注算法包括隐马尔可夫模型、条件随机场等。

词性标注主要应用于文本挖掘，是各类基于文本的机器学习任务。

词性标注在本质上是分类问题，即将语料库中的词按词性分类。一个词的词性由其所属语言的含义、形态和语法功能决定。以中文为例，中文的词类系统有 18 个子类，包括 7 类体词、4 类谓词、5 类虚词、1 类代词和 1 类感叹词。词类不是闭合集，有兼词现象，例如"打篮球"在"小明喜欢打篮球"和"小明在打篮球"中会被归入不同的词类，因此词性标注与上下文有关。

Jieba 中的 posseg 方法会一并完成分词和词性标注，并将结果返回到生成器中。生成器中的所有成员都被存在 word 和 flag 两个参数中，word 参数是分词结果，flag 参数是对应的词性标注结果。

【例 9.2】词性标注示例程序。

代码如下：

```
import jieba.posseg as pseg
seg_list = pseg.cut("今天我终于登上了雄伟的长城。")
result = ' '.join(['{0}/{1}'.format(w,t) for w,t in seg_list])
print(result)
```

运行结果如下：

今天/t 我/r 终于/d 登上/v 了/ul 雄伟/a 的/uj 长城/ns 。/x

9.2.3　去除停用词

在信息检索中，为节省存储空间和提高搜索效率，在处理自然语言数据（文本）之前或之后会自动过滤掉某些字或词，这些字或词被称为停用词。

人类语言包含很多功能词。与其他词相比，功能词没有什么实际含义。例如表限定的词，如"这个""那个""这些""那些"等，以及一些语气助词，如"了""啊""呀"等。

在信息检索中，这些功能词都是停用词。称它们为停用词是因为在文本处理过程中如果遇到它们，要立即停止处理，将其过滤掉。将这些词过滤掉可减少索引量，提升检索效率，并且通常会提高检索的效果。停用词主要包括英文字符、数字、数学字符、标点符号及使用频率特别高的单汉字等。

【例 9.3】去除停用词。

对 test.txt 文本内容进行去除停用词预处理，文本内容如下。

心境对人的生活、工作、学习、健康有很大的影响。积极向上、乐观的心境，可以提高人的活动效率，增强信心，使人对未来充满希望，有益于健康；消极、悲观的心境，会降低人的活动效率，使人丧失信心和希望。经常处于焦虑状态，不利于健康。人的世界观、理想和信念决定着心境的基本倾向，对心境有着重要的调节作用。

代码如下：

```python
import jieba
def StopWord(filename):    #获取停用词表
    stop = open(filename, 'r', encoding='utf-8')
    stopword = stop.read().split("\n")
    return stopword

def cutWord(in_filename, out_filename, stopword, max_word_len=50):
    inf = open(in_filename, 'r', encoding='utf-8')
    outf = open(out_filename, 'w', encoding='utf-8')

    for text in inf:
        seg_list = list(jieba.cut(text))
        lst=['' for x in range(max_word_len) ]
        idx = 0
        for word in seg_list:
            if idx >= max_word_len :
                break
            if( word not in stopword ):
                lst[idx] = word
                idx += 1
        words = ' '.join(lst)
        outf.write(words)
        outf.write('\n')

    inf.close()
    outf.close()

if __name__ == '__main__':
    stop_file = 'stop_words.txt'
    in_file = 'test.txt'
    out_words_file = 'cut_test.txt'
    stopword = StopWord(stop_file)
    cutWord(in_file, out_words_file, stopword)
```

程序运行后，生成的文本如下：

心境 生活 工作 学习 健康 很大 影响 积极向上 乐观 心境 提高 活动 效率 增强 信心 使人 未来 充满希望 有益于 健康 消极 悲观 心境 降低 活动 效率 使人 丧失 信心 希望 处于 焦虑 状态 不利于 健康 世界观 理想 信念 心境 倾向 心境 调节作用

9.2.4　关键词提取

关键词往往代表着文本的重要内容，无论文本长短，往往都可以通过几个关键词来窥探整个文本的主题思想。因此，自动提取关键词也是自然语言处理中一个很重要的部分。

1．词频-逆文档频率

词频-逆文档频率（Term Frequency-Inverse Document Frequency，TF-IDF）是一种统计方法，用以评估一个词对于一个文档集或语料库中一份文档的重要程度。词的重要性与它在文档中出现的次数成正比，与它在语料库中出现的频率成反比。词频-逆文档频率的主要思想是：如果某个词在一篇文章中出现的频率高，并且在其他文章中很少出现，则认为此词具有很好的类别区分能力，适合用来分类。简单来说就是：一个词在一篇文章中出现的次数越多，同时在所有文档中出现的次数越少，越能够代表该文章。

词频的计算公式如下：

$$\text{TF}=\frac{\text{某个词在文档中出现的次数}}{\text{文档总词数}}$$

逆文档频率是对词普遍重要性的度量，它的主要思想是：如果包含给定词的文档越少，那么逆文档频率的值就越大，则说明该词具有很好的类别区分能力。逆文档频率的计算公式如下，其中 log 的底数为 10。

$$\text{IDF}=\log\frac{\text{语料库中的文档总数}}{\text{包含该词的文档数}+1}$$

注意：此处分母+1 是为了避免当所有文档都不包含该词时分母为 0 的情况。

词频-逆文档频率倾向于过滤掉常见的词，保留重要的词。

2．词频-逆文档频率的计算

词频-逆文档频率的计算需要利用现有的数据对模型进行训练，计算公式如下：

$$\text{TF-IDF} = \text{TF} \times \text{IDF}$$

我们可以直接使用 Jieba 提供的 TF-IDF 算法来提取关键词。下面我们使用 Jieba 提供的 TF-IDF 算法，对关键词进行提取。

【例 9.4】使用 Jieba 提供的 TF-IDF 算法实现关键词的提取。

其中，jieba.analyse.extract_tags()函数有 4 个参数，说明如下。

- sentence：待提取关键词的文本。
- topK：关键词数。
- withWeight：是否返回权重。
- allowPOS：指定筛选关键词的词性，默认不分词性。

代码如下：

```
import jieba
import jieba.analyse
```

```
sentence = '青少年人工智能教育是使青少年认识与了解人工智能相关的原理、技能与方法等，培养其在人
工智能相关领域的思想意识、自信心、创新精神与实践能力，进而为即将到来的人工智能时代的学习、工作、生活做
好各方面准备的教育。'
keywords = jieba.analyse.extract_tags(sentence, topK=10, withWeight=True,
allowPOS=('n','nr','ns'))
for item in keywords:
    print(item[0],item[1])
```

运行结果如下：

```
人工智能 2.702293255854286
青少年 1.1608751580614285
技能 0.5833811696485715
原理 0.46547772814285715
精神 0.4014080893871429
时代 0.39330930646857143
领域 0.3865925387435714
方法 0.3548432164314286
能力 0.3525245055835714
方面 0.3045079057221428
```

9.3　词向量技术

首先，我们提出这样一个问题：一个文本经过分词、去除停用词等预处理操作后，将
其送入某一个自然语言处理模型之前该如何表示？直接向机器学习模型输入字符串显然是
不合适的，不便于模型进行计算和文本之间的比较。那么，我们需要一种方式来表示一个
文本，这种文本表示方式要能够便于进行文本之间的比较、计算等。最容易想到的就是对
文本进行向量化表示。

词向量（Word Vector）是对词语义或含义的数值向量表示。词向量可以捕捉到词的含义，
将这些含义结合起来构成一个稠密的浮点数向量，这个稠密向量支持查询和逻辑推理，来自
词表的词或短语被映射为实数的向量，这些向量能够体现词之间的语义关系。从概念上讲，
它涉及从每个词高维度的向量空间到更低维度的向量空间的数学嵌入。当用作底层输入时，
词和短语嵌入已经被证明可以提高自然语言处理任务的性能，例如文本分类、命名实体识别、
关系抽取等。例如，根据语料库的分词结果，建立一个词表，每个词用一个向量来表示，这
样就可以将文本向量化了。把词映射为实数域向量的技术也叫词嵌入技术。

9.3.1　词袋模型介绍

要讲词向量，我们首先要了解词袋模型。词袋模型把文本看成是由一袋一袋的词构成
的。例如，有这样两段文本："小明爱妈妈"和"妈妈爱小明"。这两段文本中出现的所有
文本可以构成这样一个词典：

```
{1:"小明",2:"爱",3:"妈妈"}
```

词典的大小为 3，每个词对应一个索引值。

"小明"可以用一个三维的向量表示：
`[1,0,0]`
"爱"可以用一个三维的向量表示：
`[0,1,0]`
"妈妈"可以用一个三维的向量表示：
`[0,0,1]`

那么，文本该怎么表示？记录句子中包含的各个词的个数：

文本 1：

`[1,1,1]`

文本 2：

`[1,1,1]`

由以上示例可以看出，词袋模型有以下特点。

（1）文本向量化之后的维度与词典的大小相关。

（2）词袋模型没有考虑词之间的顺序关系。

这只有两段文本，其中包含的词数量均为 3，所以词典的大小是 3。当语料库很大时，词典的大小可以是几千甚至几万，这样大维度的向量，计算机很难去计算。而且就算是只有一个词的句子，它的维度仍然是几千，存在很大的浪费。此外，词袋模型忽略了词序信息，导致存在对语义理解的偏差。

所以，词袋模型并不是一个好的解决方案。这样，便出现了词向量的概念。

再看下面这个问题，假如有以下句子。

- My name is Tom!
- I like to play basketball!
- I am a girl!
- I want to go out!

如果要从上面 4 个句子中找到和下面这个句子最相似的一句，是哪一句？

I am a boy!

这非常容易，你几乎立刻就知道是第三句。因为上面这个例子比较简单。但是当句子变得很长时，再让你去找就没有那么容易了。于是我们必须探索出一种方法，让计算机去完成！

上面的 4 个句子中，包含以下这些单词，一共 15 个，我们就用这 15 个单词构造一个单词表：

`my, name,is,Tom,I,like,to,play,basketball,am, a, girl,want, go, out`

有了以上这个单词表之后，我们就可以使用这个单词表来表示上面的 4 个句子。

第 1 句 My name is Tom！对应的向量表示为：

`[ 1, 1, 1, 1, 0, 0, 0, 0, 0, 0, 0, 0, 0, 0, 0]`

说明：用一个 15 维的向量来表示一个句子，如果当前句子出现了单词表中的某一个单词，那么该单词对应的向量位就为 1，否则为 0。

同理，可以得到另外几个句子的向量表示。

第 2 句 I like to play basketball! 对应的向量表示为：

[0, 0, 0, 0, 1, 1, 1, 1, 1, 0, 0, 0, 0, 0, 0]

第 3 句 I am a girl!对应的向量表示为：

[0, 0, 0, 0, 1, 0, 0, 0, 0, 1, 1, 1, 0, 0, 0]

第 4 句 I want to go out! 对应的词向量表示为：

[0, 0, 0, 0, 1, 0, 1, 0, 0, 0, 0, 0, 1, 1, 1]

现在再来看查找任务，需要查找的句子为 I am a boy!。

其对应的向量为[0, 0, 0, 0, 1, 0, 0, 0, 0, 1, 1, 0, 0, 0, 0]。

现在用向量表示这些句子之后，再找最相似的句子就容易多了，只需要按元素出现的位置来比较即可。可以看到，要找的句子对应的向量和第三句的向量最为接近，所以，这句和第三句最为相似。

以上文本的向量表示方法也称为独热（One-Hot）编码。

独热编码有以下优点。

（1）能够处理非连续型数值，也就是离散值。

（2）在一定程度上扩充了特征。比如性别本身是一个特征，经过独热编码以后，就变成了多个特征。离散特征通过独热编码映射到欧氏空间，在回归、分类、聚类等机器学习算法中，特征之间距离的计算或相似度的计算是非常重要的，而我们常用的距离或相似度的计算都是在欧氏空间的相似度计算，计算余弦相似性就是基于欧氏空间的。

（3）对离散特征使用独热编码，可以让特征之间的距离计算更加合理。

但独热编码也有以下缺点。

（1）维度问题。当单词表中单词数量很多时，例如单词表中有 10000 个单词，那么每个文本都需要用维数为 10000 的向量来表示，向量中大部分数据都是 0，有很多冗余信息，高维向量给后续处理大大增加了计算量。

（2）向量中没有词序信息。例如，"小明爱妈妈"与"妈妈爱小明"，利用上面的方法，这两个句子的词向量是一样的，但很明显它们的意思是不一样的。

独热编码要求每个类别之间相互独立，如果类别之间存在某种连续型的关系，文本的词之间就存在关联，所以分布式表示更加合适，实际就是将高维、稀疏的向量降维成低维、稠密的向量，是一种高维到低维的映射方式。

将词表示为向量的技术起源于 20 世纪 60 年代。2000 年约书亚-本吉奥（Yoshua Bengio）等人在一系列论文中提出了"神经概率语言模型"，通过"学习词的分布式表示"来减少语境中词表示的高维度。

相比词袋模型，词向量是一种更为有效的表征方式。简单来说，词向量其实是用一个一定维度（例如 128 维、256 维）的向量来表示词典里的词。

经过训练之后的词向量，能够表征词之间的关系。例如，"中学"和"大学"之间的距离，会比"中学"和"医生"之间的距离要近。

通过多维向量表示，也能更为方便地进行计算。例如，"中国" + "首都" = "北京"。

那么，该如何获取词向量？2013 年，谷歌团队发表了 Word2Vec 工具。Word2Vec 工具主要包含两个模型：跳字（Skip-Gram）模型和连续词袋（Continuous Bag Of Words，CBOW）模型。

Skip-Gram 模型：用一个词作为输入来预测它周围的上下文。

CBOW 模型：用一个词的上下文作为输入来预测这个词本身。

图 9.2 所示为 CBOW 模型和 Skip-Gram 模型的原理示意。

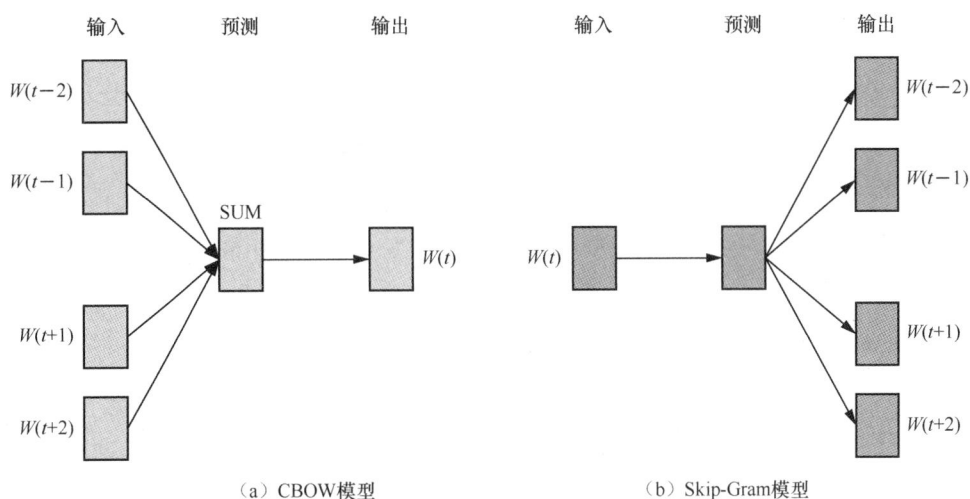

（a）CBOW模型　　　　　　　　　　　　　　（b）Skip-Gram模型

图 9.2　CBOW 模型和 Skip-Gram 模型原理示意

可以看出，CBOW 模型为多输入模型，根据上下文关联预测词；Skip-Gram 模型为单输入模型，根据某个输入预测上下文。

9.3.2　Word2Vec 词向量技术

Word2Vec 是一个计算词向量的开源工具。在向量空间中，词之间的相互关系、上下文关系都以向量之间的关系来表征，如通过词之间的距离（欧氏距离等）来判断它们之间的语义相似度。Word2Vec 可以较好地表达不同词之间的相似度和类比关系。

例如，现在有两个文本，如下。

（1）那个　女孩　非常　可爱

在词向量模型中，对于"女孩"这个词，其上下文就是"那个""非常""可爱"等词。

（2）那个　姑娘　非常　可爱

由于输入是"姑娘"，这个输入的上下文和上一句的"女孩"这个词的上下文是一样的，所以算法的结果就是"姑娘" = "女孩"。

下面介绍如何对语料库进行独热编码。假设有语料库 V=w1,w2，其独热编码为：

```
w1=[1,0,0,0,…]
w2=[0,1,0,0,…]
```

Word2Vec 针对独热编码提出的解决方法，采用分布式表示：

```
w1=[0.8,0.05,0.1,…]
w2=[0.1,0.8,0.05,0.02,…]
```

分布式表示方法相较独热编码，词向量的维度降低了很多，方便计算。由于词向量中每个元素是实数，每个词的含义由该向量中每个元素的值综合表示，相较独热编码，此方法可以更好地通过余弦定理计算两个句子的相似度。Word2Vec 采用分布式表示，每个词对应一个 n 维向量，通过 CBOW 和 Skip-Gram 两种模型，利用上下文语义训练来使上下文语序信息更近的词的距离更近。Word2Vec 采用低维模式，一般取值范围为 50～300。

Gensim 是一款开源的第三方 Python 工具包，用于从原始的非结构化文本中无监督地学习文本隐藏的主题向量表示。使用 Gensim 内建的 Word2Vec 进行词向量训练。

① 基本格式如下。

```
Word2Vec(sentences,size=25,min_count=1,window=5,workers=6,sg=0,hs=0,iter=5)
```

② 主要参数说明如下。

● sentences：语料列表。

● size：输出词向量的维数。值太小会导致词映射因为冲突而影响结果，值太大则会耗内存，并使计算变慢。一般取值范围为 100～200。

● min_count：词向量的最小词频。默认值是 5。如果是小语料，可以调小这个值。可以对词典做截断，词频少于 min_count 的词会被丢弃掉。

● window：窗口大小，即词向量上下文最大距离。window 越大，则和某一词较远的词也会产生上下文关系。默认值为 5。在实际使用中，可以根据实际的需求来动态调整 window。如果是小语料，则这个值可以设得更小。对于一般的语料，这个值的推荐取值范围为[5,10]。

● workers：用于控制训练的并行数。

● sg：用于设置训练算法，默认值为 0，对应 CBOW 算法；sg = 1 则表示采用 Skip-Gram 模型。

● hs：如果为 1，使用 hierarchica softmax；如果为 0（默认值），则使用 negative sampling。

● iter：迭代次数，默认值为 5。

【例 9.5】训练词向量化模型。

代码如下：

```
import jieba
import gensim
from gensim.models.word2vec import Word2Vec
```

```
sentense='青少年人工智能教育是使青少年认识与了解人工智能原理、技能与方法等，培养其在人工智能相
关领域的思想意识、自信心、创新精神与实践能力，进而为即将到来的人工智能时代的学习、工作、生活做好各方面
准备的教育。'
sentense_words=[[w for w in jieba.cut(sentense) if w not in [' ',',','。','的']]]
# 若不分词，直接将句子作为 sentense_words 的元素，输入 Word2Vec 得到的是字向量
print(sentense_words)
model=Word2Vec(sentense_words,min_count=1)
model.save('test_1.word2vec')
model.wv.save_word2vec_format('wv.txt',binary=False)
print('模型参数',model,'\n')
print(model.wv.__getitem__('人工智能'))
```

运行结果如下：

```
[[['青少年', '人工智能', '教育', '是', '使', '青少年', '认识', '与', '了解', '人工智能',
'原理', '、', '技能', '与', '方法', '等', '培养', '与', '树立', '其', '在', '人工智能', '
相关', '领域', '思想意识', '、', '自信心', '、', '创新', '精神', '与', '实践', '能力', '进而', '
为', '即将', '到来', '人工智能', '时代', '学习', '工作', '生活', '做好', '各', '方面', '准备',
'教育']]

模型参数  Word2Vec<vocab=36, vector_size=100, alpha=0.025>

[-5.4057286e-04  2.3999142e-04   5.1125735e-03   9.0246964e-03
 -9.3007134e-03 -7.1194344e-03   6.4701317e-03   8.9850593e-03
 -5.0246608e-03 -3.7749964e-03   7.3800366e-03  -1.5418892e-03
 -4.5319358e-03  6.5657645e-03  -4.8593269e-03  -1.8160092e-03
  2.8946674e-03  9.9825102e-03  -8.3048930e-03  -9.4703818e-03
  7.3159281e-03  5.0694984e-03   6.7573576e-03   7.5796596e-04
  6.3477382e-03 -3.3958773e-03  -9.5326913e-04   5.7746442e-03
 -7.5315195e-03 -3.9320267e-03  -7.5020888e-03  -9.3448168e-04
  9.5375152e-03 -7.3384098e-03  -2.3293959e-03  -1.9395282e-03
  8.0912150e-03 -5.9305970e-03   5.0103943e-05  -4.7424254e-03
 -9.5979525e-03  4.9950937e-03  -8.7633934e-03  -4.3802927e-03
 -2.9850971e-05 -3.0556196e-04  -7.6659587e-03   9.6103726e-03
  4.9969652e-03  9.2331329e-03  -8.1552174e-03   4.4877063e-03
 -4.1390834e-03  8.2097395e-04   8.4939701e-03  -4.4487100e-03
  4.5297649e-03 -6.7803743e-03  -3.5461998e-03   9.4088260e-03
 -1.5738269e-03  3.1499492e-03  -4.1351006e-03  -7.6784263e-03
 -1.5115538e-03  2.4883836e-03  -8.9071278e-04   5.5360855e-03
 -2.7492985e-03  2.2660741e-03   5.4534287e-03   8.3434163e-03
 -1.4482980e-03 -9.2086336e-03   4.3727099e-03   5.6944886e-04
  7.4458350e-03 -7.9941034e-04  -2.6342454e-03  -8.7660579e-03
 -8.8233175e-04  2.8267491e-03   5.3971638e-03   7.0553715e-03
 -5.7080402e-03  1.8599043e-03   6.1000260e-03  -4.7973371e-03
 -3.1046304e-03  6.7936894e-03   1.6330093e-03   1.8616390e-04
  3.4787797e-03  2.2488587e-04   9.6269352e-03   5.0548832e-03
 -8.9132925e-03 -7.0470995e-03   8.8875752e-04   6.3982531e-03]
```

　　词的向量化表示是自然语言处理的基础，是文本分析、情感分析、语义分析等任务的重
要前提。词语义不能直接进行计算，而词向量技术通过采用不同的方法将词映射成多维空间
中的稠密向量，为计算机分析、处理语义并完成更复杂的自然语言处理任务提供了可能。

　　词向量技术的优势就是词与词之间的关系可以用距离来表现。也就是说，各个词对计

算机来说本来是没有关系的，但通过词向量转换之后，它们的距离代表了它们的关系，这也是比较好的帮助计算机去理解词之间关系的方法。

通过词向量训练，意思相近的词汇聚在一起了，这不仅可以对词进行分类，而且词和词之间的距离也代表了它们之间的关系，如图 9.3 所示。

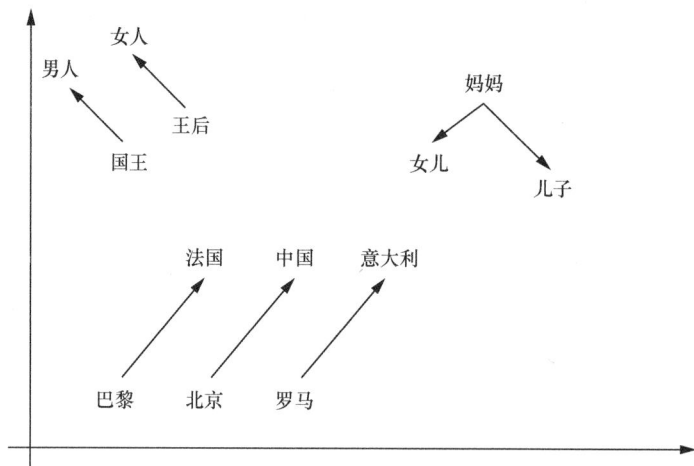

图 9.3　词向量示意

自然语言处理的算法和库很多，大多比较复杂。目前有些很好的集成开放库供我们使用，比如百度飞桨的 PaddleNLP，覆盖信息抽取、文本分类、情感分析、语义检索、智能问答等自然语言处理领域核心任务。

9.4　课后习题

1．单项选择题

（1）自然语言处理是人工智能的重要应用领域，下列选项中不是它要实现的目标的是（　　）。

A．机器翻译

B．科学计算的精度更高，速度更快

C．理解别人讲的话

D．对自然语言表示的信息进行分析概括或编辑

（2）下列选项中属于自然语言处理用例的是（　　）。

A．从图像中检测物体

B．面部识别

C．语音识别

D．搜索引擎

（3）下列算法中减少了常用词的权重，增加了文档集合中不常用词的权重的是（　　）。

A. 词频（TF）

B. 逆文档频率（IDF）

C. Word2Vec

D. 隐狄利克雷分布

（4）从句子中删除"and""is""a""an""the"这样的词的过程被称为（　　）。

A. 词干提取

B. 词形还原

C. 去除停用词

D. 以上所有

（5）自然语言处理可分为的两个子领域是（　　）。

A. 符号和数字

B. 时间和空间

C. 算法和启发式

D. 理解和生成

2．编程题

（1）对下面句子进行分词，输出分词结果。

青春，是嬉笑声与哭泣声夹杂的年华。处于青春期的少年是蓝天中翱翔的幼鹰，虽然没有完全长大，有些稚气，有些懵懂，脱不开父母的双手，却极力想去找寻属于自我的一片天空，为的是一时的激情，为的是一种独自翱翔的感觉！

（2）对第（1）题中的句子进行词性标注，并输出结果。

（3）对第（1）题中的句子进行关键词提取，并输出结果。

9.4 课后习题
编程题
（1）～（3）

第 **10** 章 人工智能前沿技术

本章概要

随着人工智能技术近年来飞速发展，相关智能化应用在各个领域中占据了越来越重要的地位。

现阶段人工智能技术发展呈现出不同的特点，并面临新的挑战。短期来看，人工智能技术的研究将围绕解决算法理论、数据、计算平台、智能芯片等问题进行。长期来看，人工智能技术将分别沿着算法和算力两条主线向前发展，并逐步带领人类进入人机协同的新时代。

本章概括介绍近年来新涌现出的人工智能算法，包括强化学习、生成对抗网络、迁移学习等。

学习目标

完成对本章的学习后，要求达到以下学习目标：
（1）了解强化学习；
（2）了解生成对抗网络；
（3）了解迁移学习。

10.1 强化学习

10.1.1 强化学习基础

强化学习（Reinforcement Learning）的概念来自行为心理学。其主要面向决策优化问题，研究在特定状态下，系统实时判断采取什么行动方案，才能使收益最大化。

通俗地理解，强化学习就是使智能机器学习"如何做"的算法，即智能机器通过与环境交互，学习并优化策略，最终实现目标。

在智能机器和环境的交互过程中，智能机器根据当前所处状态和最终目标做出动作，而此动作会使环境发生改变，并根据最终目标给出奖励或惩罚，将环境的下一个状态和奖励或惩罚带回系统，系统根据这些信息做出下一个动作。

可以看出，强化学习是一个逐步迭代的过程。智能机器事先不会被告知应该采取什么动作，而是在尝试过程中，根据反馈和状态去发现哪些动作会产生最大收益，从而确定下一步的最优决策。

强化学习中，智能机器被看作能够做决策的个体，称为智能体（Agent），一个系统中可以有一个或多个智能体。

虽然强化学习依靠系统状态，但强化学习与监督学习不同，区别是监督学习的数据集是带标签的，而强化学习没有带标签的数据集供学习，是通过系统与环境的不断交互进行学习的。强化学习的目标是获得最大收益，或者在博弈中取得胜利，例如赢得一局围棋。

强化学习和非监督学习也不同，非监督学习使用的是未标注的数据，在学习过程中寻找数据中隐含的规律或关系结构，而强化学习的目的不是找出数据的内在关系，而是使收益最大化。

可以说，强化学习是一类特殊的机器学习算法，属于试错学习。智能体不断与环境进行交互，以获得最佳策略。算法根据当前环境状态确定所要执行的动作，并进入下一个状态，目标是让收益最大化。

强化学习根据系统状态和优化目标进行自主学习，不需要预备知识，也不依赖"老师"的帮助。系统的输出是连续的动作，事先并不知道要采取什么动作，而是通过尝试去确定哪个动作可以带来最大收益。

强化学习的核心是评价策略的优劣，从好的动作中学习优秀的策略，通过更优的策略使得系统输出向更好的方向发展。强化学习也称为增强学习，经常用于获取最大收益或实现特定目标。

强化学习的决策与输入是动态、不断迭代产生的，其流程示意如图 10.1 所示。

从微观上看，强化学习把学习看作试探评价过程。智能体选择一个动作用于环境，环境接收该动作后状态发生变化，同时产生一个强化信号（奖励或惩罚）反馈给智能体。智能体根据强化

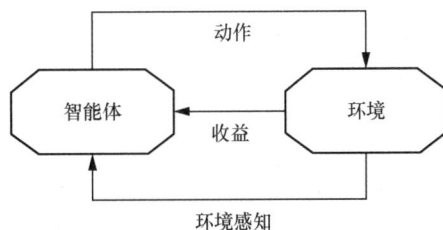

图 10.1　强化学习流程示意

信号和环境当前状态再选择下一个动作，选择的原则是使受到正强化（奖励）的概率增大。选择的动作影响环境下一时刻的状态及最终的输出值。

10.1.2　常见强化学习算法

强化学习的典型应用场景是下棋、游戏。战胜围棋冠军李世石和柯洁的 AlphaGo 就用到了强化学习。

已有的强化学习算法种类繁多。根据是否依赖模型，强化学习算法可以分为基于模型的强化学习算法和无模型的强化学习算法。

根据环境返回的回报函数是否已知，强化学习算法可以分为正向强化学习算法和逆向强化学习算法。正向强化学习算法的回报函数是人为指定的，而逆向强化学习算法的回报函数无法指定，要由算法自己设计。

强化学习中最简单的是马尔可夫决策过程，经常用于解决动态规划问题。此外还有 k-摇臂机模型、ε-贪婪算法等。

相较于监督学习和非监督学习，强化学习在机器学习领域的起步更晚。很多抽象的算法无法大规模使用，使用中倾向于将神经网络与强化学习相结合（即深度强化学习）。

10.1.3　强化学习算法的要素

除了智能体和环境之外，强化学习算法还有 4 个核心要素：策略、价值函数、收益信号以及系统模型（可选）。

1．策略

强化学习的策略定义了智能体在特定时间的行为方式。简单地说，策略是环境状态到动作的映射。它在心理学中被称为"刺激-反应"的规则或关联关系。在某些情况下，策略可能是一个简单的函数或查询表，而在另一些情况下，它可能涉及大量的计算，例如搜索过程。

策略决定行为，因此策略是强化智能体的核心。一般来说，策略是环境所在状态下，智能体所采取的动作函数。智能体可能存在多个策略，其中性能最好的策略被称为最优策略。

也可以说，策略是从状态到动作选择之间的映射。在进行动作选择时，一个重要的依据是当前状态下策略的价值函数。

2．价值函数

价值函数是从当前状态开始，智能体按照策略进行决策所获得的收益的期望值。

制定和评估策略的依据是策略的价值，系统寻求能带来最高价值的动作，因为这些动作从长远来看会带来最大的累积收益。

确定价值要比确定收益困难，因为价值需要综合评估，还要根据智能体在整个过程中测得的收益序列重新估计。所以，价值函数是强化学习最重要的组成部分之一。常用的价值函数有状态价值函数和动作价值函数。

几乎所有的强化学习算法都涉及价值函数的计算。价值函数是系统状态的函数，评估的是当前智能体在给定状态与动作下有多"好"，即计算系统综合收益的期望值。因此，价值函数决定了智能体的策略。

3．收益信号

在强化学习中，智能体的唯一目标就是使收益最大化。智能体的目标不是当前收益，而是使长期的累积收益最大化。使用收益来使目标具体化，这是强化学习最显著的特征之一。

强化学习使用收益信号来定义目标，每一步，环境都向智能体发送一个收益数值信号，智能体依据此收益信号来确定策略，并在低收益时改变策略。

收益信号和价值函数有区别，收益信号表明的是短时间内的收益，而价值函数衡量的是长期的收益。收益决定了当前环境状态下最直接、即时的期望，价值函数则代表接下来所有可能状态的长期期望。或许某策略的即时收益很低，但它仍然可能具有很高的价值，因为之后会出现高收益的状态，反之，还有一些策略的即时收益很高，但之后会出现较低的收益。

4．系统模型

强化学习的最后一个要素是系统模型，是系统对环境的反应模式，也是系统对外部环境行为的推断模式。例如，给定一个状态和动作，模型就可以预测外部环境的下一个状态和下一个收益。模型在运行之前，先预测未来可能发生的情境并预先决定采取何种动作。

使用模型和规划来解决强化学习问题的方法被称为有模型的方法，反之称为无模型的方法。与有模型的方法相比，简单的无模型方法在系统运行中直接试错，缺少有目标的规划。

当前，强化学习已经从低级的、试错式的学习发展到了高级的、深思熟虑的规划学习。

Q-learning 即 Q 学习，是一种常见的强化学习算法。Q 学习的提出是强化学习的一个重要突破。

Q 学习中定义了一个评价函数——Q 函数，表达从某状态开始选择第一个动作后获得的最大累积收益的折算值。如果智能体想获得最大收益，可以只考虑能使 Q 值最大的动作。即智能体对当前状态的部分 Q 值做出多次反应，以便选出动作序列，获得全局最优结果。

Q 学习经常和深度学习联合使用，即深度 Q 学习，在实现过程中用神经网络替代 Q 函数。

10.1.4　生成对抗网络

1．生成对抗网络的基本概念

生成对抗网络（Generative Adversarial Network，GAN）是一种生成模型，核心思想是从训练数据中学习所对应的概率分布，以根据概率分布函数获取更多的"生成"样本来实现数据的扩充。

在生成对抗网络中，第一个网络通常被称为生成器并且以 $G(z)$ 表示，第二个网络通常被称为判别器并且以 $D(x)$ 表示。生成器网络以随机的噪声作为输入并试图生成样本数据，并且将生成数据提供给判别器网络。判别器网络以真实数据或者生成数据作为输入，并试图预测当前输入是真实数据还是生成数据。

深度卷积生成对抗网络（Deep Convolutional Generative Adversarial Network，DCGAN）是将卷积神经网络和生成对抗网络结合起来的用于图像生成的网络模型，该模型引入了转置卷积层，通过对噪声进行转置卷积操作来生成相应的图像。

2．生成对抗网络的应用

基于生成对抗网络分类任务的应用主要包含两方面：一是利用生成模型进行数据扩充或利用少数有类别数据对扩充后的数据进行类标签传递；二是利用判别模型进行共享计算或特征学习阶段的参数初始化。注意，这里的参数初始化是判别模型中特征学习阶段的参数初始化。

生成对抗网络也存在缺点。首先，网络的优化过程存在不稳定性，很容易陷入局部极值；其次，模型的可解释性比较差；最后，模型的可扩展性需要提高，尤其是在处理大规模数据的时候，需要更好的可扩展性。

10.2 迁移学习

对于传统机器学习算法来说，为了保证模型准确和高可靠，都假设训练集与测试集独立同分布，同时训练样本足够。但在实际应用中，这个假设往往难以全部满足。例如，随着时间推移，原先可用的样本数据变得不可用，或新样本与原样本的分布发生变化。这样随着新数据的增加，原训练样本已经不足以得到一个可靠的分类模型，而标注大量新样本又费时、费力，这就引出了一个重要问题——如何利用少量的有标签训练样本（源域数据），建立一个可靠的模型对目标域数据进行预测。

近年来，迁移学习引起了人工智能界广泛的关注和研究。简单地理解，迁移学习就是借助已有知识对相关的新问题进行求解的机器学习算法。迁移学习的目的是迁移已有的知识来解决目标问题中仅有少量数据标签的学习问题。

迁移学习是机器学习领域的一个分支，是把一个领域（即源域）的知识迁移到另外一个领域（即目标域），使得目标域能够取得更好的学习效果。也可以把原任务模型重新使用在新任务模型的开发过程中。迁移学习是使知识模型被重复利用的一种机器学习算法。

10.2.1 迁移学习的基本概念

迁移学习最早来源于教育心理学，认为两个学习活动之间存在的共同要素，是产生迁移的必要前提。迁移学习的定义如下。

迁移学习广泛存在于人类活动中，两个不同的领域共享的因素越多，迁移学习就越容易，否则越困难，甚至出现"负迁移"现象，产生负面作用。比如可以将象棋模型的知识迁移到围棋模型，但将股票价格模型迁移到机票价格模型就有可能产生误差，或者出现负迁移现象。

10.2.2 迁移学习的研究内容

简单地说，迁移学习的研究内容主要包括 3 个：何时迁移、迁移什么、如何迁移。

目前关于迁移学习的研究大都集中在迁移什么、如何迁移上，默认源域和目标域相关。但避免负迁移是一个重要的问题，即何时迁移。何时迁移需要研究系统在什么情况下应该完成迁移，以及哪些情况下不应该迁移。

迁移什么决定了哪些知识是通用的，可以跨域或者跨任务迁移；哪些知识是针对单域任务、无法通用的。可迁移知识可以帮助提升目标域或目标任务的性能，在实际中，需要根据不同的环境来确定。

如何迁移指迁移学习所采用的方式，通常指迁移学习的具体算法，主要包括基于样本的迁移学习、基于特征的迁移学习、基于模型的迁移学习。

1．基于样本的迁移学习

基于样本的迁移学习中，迁移的知识对应源样本中的权重。

比如系统源域中的数据，有时有利于为目标域训练出更准确的模型，有时则无法提升甚至损害模型。

简要来说，基于样本的迁移学习有两个关键问题：第一个问题是如何筛选出源域中与目标域数据具有相似分布的有标签样本；第二个问题是如何利用这些"相似"的数据训练出一个更准确的目标域上的学习模型。

2．基于特征的迁移学习

基于特征的迁移学习中，迁移的知识对应源域和目标域中所共享的子特征空间。该算法在抽象的特征空间中实现迁移，而非原始输入空间。值得注意的是，在某些极端情况下，源域和目标域之间可能没有重叠的部分，但在这样的两个特征空间之间可能存在一些"转换器"来成功实现迁移学习。

对于基于特征的迁移学习，不同方法背后关于学习特征映射函数的动机和假设是不同的。第一类方法通过最小化域间差异来学习目标域和源域的可迁移特征。第二类方法是通过学习所有域都通用的高质量特征。第三类方法是基于跨域的"特征增强"方法，通过从数据中学习新的特征来扩展特征空间。

3．基于模型的迁移学习

基于模型的迁移学习也称为基于参数的迁移学习，其迁移的知识是嵌入源域模型的。

该算法假设在模型层次上，源任务和目标任务共享部分通用知识。顾名思义，所迁移的知识被编码到模型参数、模型先验知识、模型架构等模型结构上。因此，基于模型的迁移学习的目标是明确源域模型的哪些部分有助于目标域模型的学习。

重新使用从源域中学习到的模型，从而避免再次抽取训练数据或再对复杂的数据表示进行关系推理，使基于模型的迁移学习更高效，更能抓住源域的高层级知识。

目前，迁移学习典型的应用方面的研究主要包含文本分类、文本聚类、情感分类、图像分类、协同过滤、基于传感器的定位估计、人工智能规划等。

10.2.3　迁移学习的未来发展

越来越多的迁移学习成果被应用，也取得了非常显著的效果，例如和深度学习、生成对抗网络结合使用，还和进化算法相融合产生进化迁移算法等。

但在目前的大数据背景下，已有的算法还不能满足实际的应用需求，能处理的数据量还比较小，而且算法复杂度也比较高。未来的研究应关注高效算法的设计，以做到确实满足实际需要。

10.3 可信人工智能

10.3.1 人工智能的伦理和安全挑战

人工智能经过数十年的发展，已经成为社会生产中必要的技术支撑，为人类社会的进步注入了新的活力。在人工智能技术带来便利的同时，人们也意识到人工智能可能产生安全隐患和信任问题。近年来，世界各国都已经注意到人工智能的安全问题，例如，在安全关键场景中做出不可靠的决定，或通过无意中歧视一个或多个群体来破坏公平性。

由于人工智能对人类权利和人类安全的影响，因此，如何构建可信的人工智能系统已成为学术界和工业界的焦点话题。业界开始制定人工智能规范、安全标准和相关法律准则，由此产生了基于人工智能安全的研究领域，如可信人工智能。

1．人工智能的伦理挑战

（1）人工智能是否具有自我意识？

通用人工智能是人工智能领域所追求的一个终极目标，人工智能是否具有意识是未来将面临的一个挑战。

2017 年，斯坦尼斯拉斯·迪昂（Stanislas Dehaene）等人在 *Science* 杂志上发表论文《什么是意识，机器是否能具有意识？》。该论文提出机器意识分为 3 个层次。

第一层的意识是指模拟实现人脑的无意识运算，例如人类识别和语音识别。

第二层的意识涉及根据信息、思考和可能性进行决策。

第三层的意识涉及教育认知领域的"元认知"概念，即认识到自我的能力。类似人类的自我意识，帮助机器了解自己知道什么、不知道什么，进而导致好奇心和学习活动的产生。

目前的人工智能模型已经能在第一层取得比肩甚至超过人类的表现，并且在第二层也进展颇丰。

同时，该论文认为目前已经有一些人工智能在某个特定部分实现了第三层——自我意识，比如一些模型能够监控自己学习并解决问题的过程。

总之，人工智能是否具有自我意识是人工智能面临的一个巨大问题和挑战。人们需要提前做好准备。

FAIR 训练了一个聊天机器人，让它学会和人谈判。研究人员希望机器人可以带着"目的"和人类对话，如图 10.2 所示。

此机器人使用的是神经网络结构中的生成对抗网络。

训练材料很简单，共有两本书、一顶帽子和 3 个篮球；3 类物品分别设定了不同的权重，如图 10.2 所示。权重用于让机器人拥有"意识"，明确它想要这些物品的意愿有多强烈，然后去和人谈判。

研究过程中，研究人员突发奇想，想看看如果两个机器人聊天，它们会聊什么。

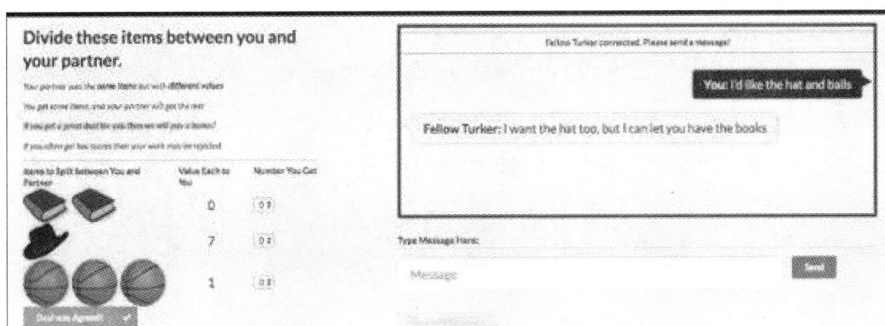

图 10.2　FAIR 聊天机器人

结果发现它们竟自行发展出了人类无法理解的独特语言——出现了一种"机器人暗语"，是一段看似英文却用英语语法解释不通的对话，如图 10.3 所示。

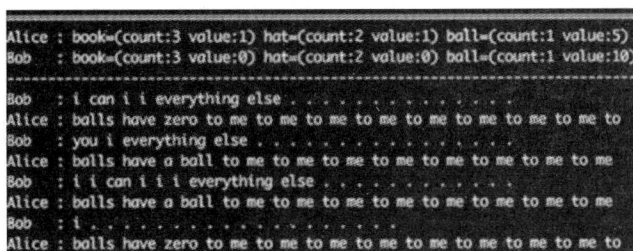

图 10.3　两个 FAIR 聊天机器人的谈判结果

值得注意的是，在 Alice 回答的 8 个 to me 中，其实已完成了至少 8 次内容转移。虽然人类能识别 to、me 这两个单词，但人类并不明白，它们的 to me 到底指代什么。

这些看似没有意义的对话，对于机器人而言则是有意义的，代表一个指令、一个运算，甚至每一个 to me 背后都是庞大的数据库。

在这类对话中，人们猜测机器人除了会伪装对某件事情不感兴趣，假装让步或牺牲掉某些目标之外，它们还能在对话中迭代以及与其他智能体进行交流。

在人工智能自身对话所用语言的研究上，很多人工智能专家是既没有预料到也没有技术准备的。

Meta 官方解释：研究人员在为系统设置激励条件时，虽然告诉了它们"请用英文"，但忘了告诉它们"请用英语语法"。

这可以当作一个技术错误。后来，FAIR 重新设定了正确的激励，修正了机器人的行为。

（2）人工智能将如何影响全球军事和政治？

人工智能在军事场景中被认为具有很多"用武之地"，包括自动化武器、战场监测、路径规划、网络自动攻防、情报分析、智能决策等。

在政治方面，人工智能已经开始影响全球政治格局。例如数据分析已经被用于国外的竞选广告精准投放、舆论引导等系统中，辅助决策技术可以用于制定发展规划、政治决策等。

当然，反对人工智能武器化的声音一直存在。

随着人工智能应用的日益普及，传统的政治格局和政治参与方式都将发生转变。讨论人工智能军事应用的利弊、约束方式，都具有极其重要的价值和意义。

（3）人工智能对劳动就业的影响。

由于人工智能能够代替人类进行各种脑力劳动，例如自动驾驶系统代替传统驾驶员进行驾驶，自动收银系统代替传统收银员进行工作，专家系统代替人类专家进行决策、代替医生完成诊断。因此，人工智能技术的快速发展将使一部分人不得不改变他们的工种，甚至造成失业。

人工智能在科技和工程中的应用，也会取代一些规划、理解等信息处理工作，人类就必须改变自己的工作方式。

（4）人工智能对法律规范的影响。

人工智能的发展目标是使机器像人类一样思考和行动。随着人工智能系统智能程度的提高，系统将面临法律、社会规范和道德伦理方面的挑战。

任何新技术的最大危险莫过于人类失去了对它的控制，或者它被具有坏企图的人所控制。因此，要防止人工智能技术落入不负责任的人手中，被他们用于危害社会。

同时，在制定法律过程中也产生了新的问题，如何确定人工智能产品或系统的法律主体，如何确定人工智能系统的权利、义务和责任，如何确保研究人员所开发的人工智能产品与法律、社会规范和道德约束相符合，这些都是人工智能发展道路上需要慎重考量的问题。

2．人工智能系统的安全挑战

（1）物理安全风险。

人工智能系统本质上是计算机系统，存在物理层面的安全风险，主要包括计算机设备、网络设施、相关外设媒体等因自然灾害或人为原因而遭受破坏的情况。

物理安全就是要保障计算机设备、设施、媒介在内的完整计算机系统的可靠性、稳定性、可用性。

（2）数据安全风险。

人工智能系统尤其是基于深度学习的系统严重依赖数据集、数据信息、知识库等数据源。数据集被破坏、所采集的数据被添加了噪声、知识库被入侵，都会严重威胁到数据安全。

数据安全包括保护数据财产、防止非授权的数据泄露、防止数据被非法控制和篡改，从而确保数据信息的完整性、保密性、可用性和可控性。

（3）技术安全挑战

人工智能技术的安全是人工智能系统安全的核心。只有技术和系统足够安全，才能使系统运行安全得到保障，才能完成对信息的正确处理，达到发挥系统各项功能的目的。如果系统存在漏洞，在被触发之前看不出任何危害，一旦触发就会对系统和应用对象造成极大的破坏。

例如自动驾驶系统是人类从快捷出行到轻松出行的追求，是目前人工智能领域最受关注和最具有市场潜力的产品之一。如果自动驾驶系统对汽车周围的环境出现误判，就很可能在道路测试过程中发生交通事故，造成极大的安全隐患。

10.3.2　可信人工智能的研究

中国科学院院士何积丰 2017 年首次在国内提出了可信人工智能的概念，提出人工智能技术本身需要具备可信的品质。所谓可信人工智能，主要包含 3 个要素——人、信息、物理。而所谓的安全，也包括数据安全、技术安全和系统安全。

2018 年，欧盟人工智能高级别专家组（High-Level Expert Group on Artificial Intelligence，AI HLEG）正式向社会发布了一份人工智能道德准则草案（Draft Ethics Guidelines For Trustworthy AI），被视为欧洲可信人工智能的讨论起点。

可信人工智能的研究

该草案指出，可信赖的人工智能（Trustworthy Artificial Intelligence）有两个组成要素：（1）应尊重基本权利、规章制度、核心原则和价值观，以确保"道德目的"（Ethical Purpose）；（2）兼具技术健壮性（Robust）和可靠性，因为即使有良好的意图，缺乏技术掌握也会造成无意的伤害。另外，人工智能技术必须足够强大以对抗攻击，以及如果人工智能出现问题，应该要有"应急计划"（Fall-Back Plan），例如若人工智能系统的控制失效了，必须要求将控制权交还给人类。

2018 年 5 月，欧盟正式通过通用数据保护条例（General Data Protection Regulation，GDPR），提高个人数据使用的公平性和透明度，防止企业滥用或忽略用户数据的保护，并基于草案在 2019 年 4 月 8 日正式发布了值得信赖的人工智能道德准则，象征着人工智能的公平性、透明度、道德性规范进入一个更高的治理层次。

微软公司总裁布拉德·史密斯（Brad Smith）也发出公开信，针对面部识别技术的问题提出六大原则，包括要求透明度、启用第三方测试和比较、确保有意义的人类审查等。

2019 年 5 月 22 日，经济合作与发展组织（Organization for Economic Co-operation and Development，OECD）批准了人工智能原则即《负责任地管理可信赖的 AI 的原则》，该原则包括公平性、可靠性、隐私和保障、包容性、透明度、问责制 6 个方面。

经过几年的发展，可信人工智能理念得到了国际组织的广泛关注。

2019 年 6 月 9 日，二十国集团（G20）提出"G20 人工智能原则"，明确建议促进可信赖的人工智能的创新发展。这是首个由各国政府签署的人工智能原则，主要内容来源于 OECD 人工智能原则，并有望成为今后的国际标准。该原则在以人为本的发展理念之下，以标准和治理方式推动人工智能发展，共同促进人工智能知识的共享和可信人工智能的构建。

可信人工智能的理念逐步贯彻到人工智能的全生命周期之中，已经演变为人工智能治理的重要方法论。可见，以人为本的人工智能发展理念正在成为国际社会的共识。人工智能研究者需要在此理念的引领下，加深国际对话和交流，在国际层面实现相协调的共同人工智能伦理与治理框架，促进可信的、符合伦理道德的人工智能的研发与应用，防范人工智能发展可能带来的国际风险和其他风险，确保科技向善和人工智能造福人类。

随着社会各界对人工智能信任问题的不断关注，安全、可信的人工智能技术已经成为研究热点。研究的焦点主要聚集在提升人工智能系统的稳定性、可解释性、公平性、隐私保护等方面，这 4 个方面的技术也构成了可信人工智能的核心支撑。

1．稳定性

人工智能系统的稳定性也称为安全性，指人工智能系统抵抗恶意攻击或环境噪声的能力。与其他计算机系统相同，人工智能系统也会面临干扰和攻击，这对人工智能系统的稳定性提出了要求。人工智能稳定性问题包括抵抗常见的对抗攻击和中毒攻击等。

2．可解释性

人工智能系统的可解释性是指模型在决策过程中的决策依据、决策过程和决策结果能够使人理解、可以进行解释。现阶段人工智能的核心技术是深度学习。深度学习系统就像一个黑箱，人们只能看到输入数据和输出数据，无法得知其内部的工作原理和决策过程，无法得知模型在决策时依赖的因素。

可解释性是人工智能系统是否能广泛应用的关键因素。随着人工智能系统在医疗诊断、自动驾驶和金融等领域的应用，出于社会、法律等原因，向用户或监管机构等提供智能决策背后的解释必不可少。此外，可解释的人工智能系统还能加强系统的可理解性，减少系统决策的偏见和歧视等不公正问题，提高用户对决策的信任。

至于可解释的人工智能系统需要符合什么标准目前还没有明确规定。因果关系是哲学、法律、心理学和认知科学中阐释的核心。哲学上的解释也强调规范性解释。

针对人工智能算法可解释性的研究仍处于初期阶段，很多算法的理论框架有待完善。

3．公平性

在实际应用中，某些人工智能系统的决策表现出了不公平性或对某些群体的歧视，例如"具有某些外表特征的人容易犯罪"等结论就具有歧视性。

人工智能系统的公平性是希望人工智能系统不会因为人种、性别、年龄等特征对用户产生系统性的歧视或者偏差。

为保障人工智能系统的公平性，研究者要去除数据中可能存在的歧视和偏见因素，提高数据质量。

4．隐私保护

数据是人工智能系统的基石。然而在传输、存储和处理过程中可能泄露敏感的隐私数据。现实中也时有发生隐私数据信息被窃取的事件。

人工智能系统的隐私保护是指人工智能系统能够保护用户的个人隐私，确保隐私数据不被泄露。

10.3.3　提高人工智能可信度的主要方法

在国际范围内，安全、可信的人工智能技术已经成为人们关注和研究的热点。研究主要聚焦在提高人工智能的可信特性，即提高人工智能系统的稳定性、可解释性、公平性和隐私保护等性能，即从根本上提高人工智能的可信度。

1．提高人工智能系统稳定性的技术方法

人工智能系统的稳定性是一个非常复杂的问题。对于对抗样本、自然噪声、系统噪声的分析和处理，稳定性可能是完全不一样的。实验表明，不同类型的人工智能模型对不同的攻击噪声所表现出的反应是不一样的。这就要求研究者要从基础理论角度，深入探讨人工智能系统的稳定性。

首先要衡量人工智能系统的稳定性，如根据对抗攻击、中毒攻击、后门攻击等的成功率来衡量系统稳定性。

再根据稳定性的结果来有针对性地提升系统稳定性。例如通过对抗训练提升稳定性，或者通过样本检测技术，把坏样本剔除，同时开发具备高健壮性的、稳定的人工智能系统。

2．提高人工智能系统可解释性的技术方法

相对前文提到的稳定性研究来说，人工智能系统可解释性的研究更具有挑战性。在研究模型的可解释性时，要全面考虑复杂的影响因素。例如神经网络的泛化误差、损失函数、网络结构的复杂程度等，都是构成可解释性的要素。

可解释性的具体技术方法包括有效性分析、样本检测、显著性分析等。另外，从训练数据和测试数据的角度出发，去解释和理解人工智能模型也是很有价值的研究方向。人工智能系统可解释性的提高也提升了系统的泛化能力。

3．提高人工智能系统公平性的技术方法

人工智能系统的公平性包括对某个人的个体公平性和对某类人的群体公平性等。需要针对具体问题进行具体分析。

例如在定义模型、训练模型或者数据处理阶段，想方设法去提升系统的公平性。常见的提升系统公平性的方法有数据预处理方法，也可以在模型处理中进行处理，或根据模型的输出结果进行再处理。

需要强调的是，大数据"杀熟"不是公平性问题，而是不正确的行为，需要进行合理管控。因此，在进行人工智能系统公平性研究时需要分辨哪些是技术性问题，哪些是非技术性问题。

4．提高人工智能系统隐私保护的技术方法

人工智能系统能够为用户提供精准的服务，然而用户的隐私保护也是非常重要的问题，越来越被社会所关注。由于神经网络具有很强的分析和记忆功能，甚至能通过对部分信息的分析、解码或重构，从而得到大量的用户个人数据。所以从理论上，大部分模型都有可能会泄露用户的隐私。

研究者需要使用一些技术方法降低系统泄露用户隐私的风险。此外，也可以通过加密算法、网络安全技术等提升系统对用户隐私的保护。

总体来看，稳定性、可解释性、公平性、隐私保护是可信人工智能的基础。这几个特性并非完全独立，例如可解释性和稳定性存在一定的关系，稳定性和隐私保护也存在关联，

可解释性和隐私保护又具有协同关系。

因此，我们需要建设综合治理框架来对人工智能可信度进行统一的基础理论分析，得到合适的综合度量标准。

10.4 课后习题

1．单项选择题

（1）强化学习流程中不包含的元素是（　　　）。

A．智能体　　　　　　B．训练集　　　　　　C．环境　　　　　　D．动作

（2）生成对抗网络主要包含生成器和（　　　）。

A．生成网络　　　　　B．判别器　　　　　　C．预测网络　　　　D．价值网络

（3）强化学习中，由价值函数决定的并且是强化学习系统的核心要素的是（　　　）。

A．价值函数　　　　　B．收益　　　　　　　C．模型　　　　　　D．策略

（4）迁移学习的研究内容不包含（　　　）。

A．基于数据的迁移学习　　　　　　　　　B．基于特征的迁移学习

C．基于样本的迁移学习　　　　　　　　　D．基于模型的迁移学习

（5）机器意识的 3 个层次不包含（　　　）。

A．具备战胜人类的谋略　　　　　　　　　B．模拟实现人脑的无意识运算

C．根据信息、思考和可能性进行决策　　　D．认识到自我的能力

（6）人工智能对劳动就业的影响不包括（　　　）。

A．辅助人类提高工作效率　　　　　　　　B．为人类提供了更多的工作岗位

C．在某些岗位代替了人类　　　　　　　　D．导致人类改变工种或失业

（7）人工智能系统的安全挑战不包括（　　　）。

A．算法准确率不高　　　　　　　　　　　B．物理安全风险

C．数据安全风险　　　　　　　　　　　　D．技术安全挑战

（8）可信人工智能的核心支撑不包括（　　　）。

A．可解释性　　　　　　B．稳定性　　　　　　C．公平性　　　　　D．简便性

（9）人工智能系统抵抗恶意攻击或环境噪声的能力称为人工智能系统的（　　　）。

A．可解释性　　　　　　B．稳定性　　　　　　C．公平性　　　　　D．隐私保护

2．填空题

（1）强化学习中，智能系统被看作能够做决策的个体，即通常所说的_____。

（2）人工智能算法中，运用已有的知识对不同但相关领域问题进行求解的机器学习算法是_____。

（3）可信人工智能主要包含 3 个要素——人、_____、物理。

课后习题参考答案

第1章　人工智能概述

1．单项选择题
（1）A　（2）D　（3）D　（4）C　（5）D　（6）D　（7）B　（8）D　（9）D
（10）D　（11）D

2．填空题
（1）知识
（2）人工智能
（3）弱人工智能
（4）机器学习
（5）符号主义

3．编程题
（1）df_obj[0][0]
（2）iloc[0:2,0:2]
（3）①np.tan(x)　　②x**3-70*x

第2章　机器学习概述

1．单项选择题
（1）D　（2）A　（3）D　（4）B　（5）D

2．编程题
（1）参考代码

```
import pandas as pd
import numpy as np
from sklearn.preprocessing import MinMaxScaler
from sklearn.preprocessing import Normalizer
data=np.random.randint(1,101,(10,10))
index=np.arange(1,11,1)
DF=pd.DataFrame(data,index,index)  #创建 DataFrame 对象
print(DF)
# 转换器实例化
minmax_scaler = MinMaxScaler()
# 数据归一化
minmax_result = minmax_scaler.fit_transform(DF)
print("数据归一化: \n", minmax_result)
# 转换器实例化
standard_scaler = Normalizer()
# 数据标准化
standard_result = standard_scaler.fit_transform(DF)
print("数据标准化: \n", standard_result)
```

（2）参考代码

```
from sklearn import metrics
y_true =[0,1,2,3,4,5,6,7,8,9]
y_pred = [0,2,2,3,5,5,5,7,9,8]
#计算 MAE
print('MAE: ')
print('y_pred MAE: %s' % metrics.mean_absolute_error(y_true, y_pred))
#计算 MSE
print('MSE: ')
print('y_pred MSE: %s' % metrics.mean_squared_error(y_true, y_pred))
#计算决定系数
print('R2: ')
print('y_pred R2: %s' % metrics.r2_score(y_true, y_pred))
```

第 3 章　KNN 分类算法

1. 单项选择题
（1）A　（2）D　（3）B

2. 编程题
参考代码

```
import numpy as np
from sklearn.neighbors import KNeighborsClassifier
x=np.array([[2,32],[5,28],[1,26],[89,10],[76,5],[71,2]])#特征
y=np.array([1,1,1,2,2,2])                #1 表示恐怖片，2 表示动作片
knn=KNeighborsClassifier(5)              #建立 KNN 分类器模型
knn.fit(x,y)                             #模型训练
p=knn.predict([[70,6]])                  #对样本进行预测
print(p)
```

第 4 章　Kmeans 聚类算法

1. 单项选择题
（1）B　（2）D　（3）B

2. 编程题
（1）参考代码

```
import numpy as np
import matplotlib.pyplot as plt
from mpl_toolkits.mplot3d import Axes3D
from sklearn.cluster import KMeans
from sklearn import datasets
plt.rcParams['font.sans-serif']=['SimHei']  #避免中文出现乱码
plt.rcParams['axes.unicode_minus']=False
#利用 load_iris()函数导入数据
iris=datasets.load_iris()#导入 iris 数据
X=iris.data
#设置变量存储类簇数，并分别进行 Kmeans 聚类，同时进行可视化
n_clusters_list=[2,3,4,5]
for n_clusters in n_clusters_list:
    est=KMeans(n_clusters) #调用 Kmeans()函数进行聚类
```

```
    est.fit(X)                          #调用fit方法
    labels=est.labels_
    fig=plt.figure(figsize=(8,5),dpi=144)
    ax=Axes3D(fig,rect=[0,0,0.95,1],elev=48,azim=134)
ax.scatter(X[:,3],X[:,0],X[:,2],c=labels.astype(np.float),edgecolor='k')
    ax.w_xaxis.set_ticklabels([])
    ax.w_yaxis.set_ticklabels([])
    ax.w_zaxis.set_ticklabels([])
    ax.set_xlabel('花萼宽度')
    ax.set_ylabel('花萼长度')
    ax.set_zlabel('花瓣长度')
    ax.set_title(str(n_clusters)+'类')
    ax.dist=12
    plt.show()
```

（2）参考代码

```
import pandas as pd
import numpy as np
from matplotlib import pyplot as plt
from sklearn.cluster import KMeans
X=np.random.randint(1,1001,(500,2))
# 利用散点图的形式将样本数据展示出来
plt.figure(figsize=(16, 10), dpi=144)
plt.scatter(X[:, 0], X[:, 1], s=100, cmap='cool')
plt.show()
#使用KMeans模型拟合，聚类簇数设为2
kmean = KMeans(2)
kmean.fit(X)
#将聚类结果利用散点图显示出来
labels = kmean.labels_
centers = kmean.cluster_centers_
fig = plt.figure(figsize=(8, 5), dpi=144)
# 显示聚类结果
plt.scatter(X[:, 0], X[:, 1], c=labels.astype(int), edgecolor='k')
# 显示质心
plt.scatter(centers[:, 0], centers[:, 1], s=50, marker="*",c='red')
plt.show()
```

（3）参考代码

```
#导入库
from sklearn.datasets import make_blobs
from matplotlib import pyplot as plt
from sklearn.cluster import KMeans
#利用scikit-learn中的make_blobs函数生成300个，样本特征为2个的样本数据
X, Y = make_blobs(n_samples=300, centers=2, cluster_std=0.8)
#利用散点图的形式将样本数据展示出来
plt.figure(figsize=(16, 10), dpi=144)
plt.scatter(X[:, 0], X[:, 1], s=100, cmap='cool')
plt.show()
#使用KMeans模型拟合，聚类簇数设为2
kmean = KMeans(2)
kmean.fit(X)
#将聚类结果利用散点图显示出来
labels = kmean.labels_
centers = kmean.cluster_centers_
fig = plt.figure(figsize=(8, 5), dpi=144)
# 显示聚类结果
plt.scatter(X[:, 0], X[:, 1], c=labels.astype(int), edgecolor='k')
```

```
#显示质心
plt.scatter(centers[:, 0], centers[:, 1], s=50, marker="*",c='red')
plt.show()
```

第 5 章　回归算法

1．编程题

（1）参考代码

```
import pandas as pd
from sklearn.model_selection import train_test_split
from sklearn.linear_model import LinearRegression
from sklearn.metrics import mean_squared_error, r2_score
# 读取 CSV 文件
file_path = './mtcars.csv'
data = pd.read_csv(file_path)
#特征列和目标列
X = data.iloc[:, -10:]    # 后 10 列作为特征
y = data['mpg']           # 第 2 列 mpg 作为目标值
#划分训练集和测试集，为 80% 为训练，20% 为测试
X_train, X_test, y_train, y_test = train_test_split(X, y, test_size=0.2, random_
state=42)
#创建线性回归模型
model = LinearRegression()
#训练模型
model.fit(X_train, y_train)
#在测试集上进行预测
y_pred = model.predict(X_test)
#评估模型
mse = mean_squared_error(y_test, y_pred)
r2 = r2_score(y_test, y_pred)
print(mse, r2)
```

（2）参考代码

```
import pandas as pd
from sklearn.model_selection import train_test_split
from sklearn.linear_model import LogisticRegression
from sklearn.metrics import accuracy_score, confusion_matrix
file_path_bank = './习题 5-2-bank.csv'
# 读取 CSV 文件
data_bank = pd.read_csv(file_path_bank, sep=';')
#将类别标签 'y' 转换为二进制
data_bank['y'] = data_bank['y'].map({'yes': 1, 'no': 0})
#选择特征（这里假设使用所有数值列，类别数据需先编码处理）
#为简单起见，先去掉非数值型列，实际场景可以用 One-Hot 编码处理类别特征
X = data_bank.select_dtypes(include=['int64', 'float64'])
y = data_bank['y']
#划分训练集和测试集
X_train, X_test, y_train, y_test = train_test_split(X, y, test_size=0.2)
#创建并训练逻辑回归模型
model = LogisticRegression(max_iter=1000)
model.fit(X_train, y_train)
#进行预测
y_pred = model.predict(X_test)
#评估模型
accuracy = accuracy_score(y_test, y_pred)
```

```
conf_matrix = confusion_matrix(y_test, y_pred)
print(accuracy, conf_matrix)
```

2. 思考题

（1）

仍然有效。在线性回归中，损失函数（通常是均方误差）是一个凸函数。对于凸函数，无论从何处开始，梯度下降法都能找到全局最优解。具体来说，线性回归的损失函数相对于权重参数 w 是一个二次函数，且其梯度是线性的。即使初始权重值为零，梯度也会根据损失函数进行计算，并逐步调整权重以最小化损失函数。因此，梯度下降算法在这种情况下依然有效。

（2）

高学习率：损失函数初始时下降较快，但可能出现下降到某个点后开始震荡甚至增加，这表示学习率可能过高。

低学习率：损失函数值稳步下降，曲线较为平滑，但下降速度较慢，可能需要更多的迭代次数。

（3）

下面是一个 Python 实现的示例，该代码将生成数据，使用梯度下降法，并且可视化优化过程：

```
import numpy as np
import matplotlib.pyplot as plt
# 定义一个简单的二次函数作为损失函数: f(x) = (x - 2)^2
def loss_function(x):
    return (x - 2)**2
# 定义损失函数的导数（梯度）: f'(x) = 2 * (x - 2)
def gradient(x):
    return 2 * (x - 2)
# 梯度下降法
def gradient_descent(learning_rate, initial_x, iterations):
    x = initial_x
    x_values = [x]
    loss_values = [loss_function(x)]

    for _ in range(iterations):
        grad = gradient(x)
        x = x - learning_rate * grad

        x_values.append(x)
        loss_values.append(loss_function(x))
    return x_values, loss_values
# 参数设置
learning_rate = 0.1
initial_x = 5  # 初始点
iterations = 20
# 执行梯度下降
x_values, loss_values = gradient_descent(learning_rate, initial_x, iterations)
# 可视化梯度下降过程
x_range = np.linspace(-1, 6, 100)
plt.plot(x_range, loss_function(x_range), label='Loss Function')
plt.scatter(x_values, loss_values, color='red', label='Gradient Descent Steps')
plt.plot(x_values, loss_values, color='red', linestyle='--')
plt.xlabel('x')
plt.ylabel('Loss')
plt.title('Gradient Descent Visualization')
```

```
plt.legend()
plt.show()
```

（4）

溢出问题：当输入向量中的某些值非常大时，若 o_i 的值很大时，计算 e^{o_i} 可能会导致数值溢出（结果超出计算机所能表示的范围），进而导致模型训练失败。

下溢问题：当输入向量中的某些值非常小时，计算 e^{o_i} 时可能会接近 0 甚至导致数值下溢（结果过小而不能被计算机表示）。这会使得 Softmax 公式中分母近于零，从而导致计算不准确。

第 6 章　决策树算法

1. 单项选择题
（1）A　　（2）C

2. 填空题
（1）叶子
（2）后剪枝

第 7 章　深度学习

1. 编程题
（1）参考代码

```
import pandas as pd
import torch
import torch.nn as nn
from sklearn.model_selection import train_test_split
from sklearn.preprocessing import StandardScaler
from sklearn.metrics import mean_squared_error
from torch.utils.data import DataLoader, TensorDataset
#读取 CSV 文件
data = pd.read_csv('习题 7-1-bike-day.csv')
#特征和目标
#第 3 到第 13 列作为特征，最后一列作为目标
X = data.iloc[:, 2:13].values    # 第 3-13 列作为特征
y = data.iloc[:, -1].values      # 最后 1 列（总租用数量）作为目标
#数据划分为训练集和测试集
X_train, X_test, y_train, y_test = train_test_split(X, y, test_size=0.2, random_
state=42)
#标准化特征
scaler = StandardScaler()
X_train_scaled = scaler.fit_transform(X_train)
X_test_scaled = scaler.transform(X_test)
#将数据转换为 PyTorch 的张量
X_train_tensor = torch.tensor(X_train_scaled, dtype=torch.float32)
y_train_tensor = torch.tensor(y_train, dtype=torch.float32).view(-1, 1)
X_test_tensor = torch.tensor(X_test_scaled, dtype=torch.float32)
y_test_tensor = torch.tensor(y_test, dtype=torch.float32).view(-1, 1)
#创建 DataLoader
train_dataset = TensorDataset(X_train_tensor, y_train_tensor)
train_loader = DataLoader(train_dataset, batch_size=32, shuffle=True)
```

```
#定义神经网络模型
class BikeNet(nn.Module):

    def __init__(self):
        super(BikeNet, self).__init__()
        self.fc1 = nn.Linear(X_train_tensor.shape[1], 64)  #输入层到隐藏层
        self.fc2 = nn.Linear(64, 32)   # 隐藏层
        self.fc3 = nn.Linear(32, 1)    # 输出层
    def forward(self, x):
        x = torch.relu(self.fc1(x))    # ReLU 激活函数
        x = torch.relu(self.fc2(x))
        x = self.fc3(x)    # 输出层
        return x
# 实例化模型
model = BikeNet()
#定义损失函数和优化器
criterion = nn.MSELoss()    # 均方误差损失
optimizer = torch.optim.Adam(model.parameters(), lr=0.1)
#训练模型
epochs = 10000
for epoch in range(epochs):
    model.train()
    running_loss = 0.0
    for inputs, targets in train_loader:
        optimizer.zero_grad()
        outputs = model(inputs)
        loss = criterion(outputs, targets)
        loss.backward()
        optimizer.step()
        running_loss += loss.item()
    if (epoch+1) % 10 == 0:
        print(f"Epoch [{epoch+1}/{epochs}], Loss: {running_loss/len(train_loader)
:.4f}")
    #评估模型
    model.eval()
    with torch.no_grad():
        y_pred_tensor = model(X_test_tensor)
        y_pred = y_pred_tensor.numpy()
    #计算均方误差
    mse = mean_squared_error(y_test, y_pred)
    print(f"均方误差(MSE): {mse}")
```

（2）参考代码

```
import pandas as pd
import torch
import torch.nn as nn
from sklearn.model_selection import train_test_split
from sklearn.preprocessing import StandardScaler, LabelEncoder
from sklearn.metrics import accuracy_score
from torch.utils.data import DataLoader, TensorDataset
#读取 CSV 文件
data = pd.read_csv('winequality-white.csv', sep=';')
# 特征和目标
# 假设特征是前几列，目标是最后一列
X = data.iloc[:, :-1].values    # 所有列作为特征
y = data.iloc[:, -1].values     # 最后一列作为标签
#对目标标签进行编码处理（将分类标签转为整数）
label_encoder = LabelEncoder()
y = label_encoder.fit_transform(y)
```

```python
#数据划分为训练集和测试集
X_train, X_test, y_train, y_test = train_test_split(X, y, test_size=0.2, random_state=42)
#标准化特征
scaler = StandardScaler()
X_train_scaled = scaler.fit_transform(X_train)
X_test_scaled = scaler.transform(X_test)
#将数据转换为PyTorch张量
X_train_tensor = torch.tensor(X_train_scaled, dtype=torch.float32)
y_train_tensor = torch.tensor(y_train, dtype=torch.long)    # 分类任务目标使用long类型
X_test_tensor = torch.tensor(X_test_scaled, dtype=torch.float32)
y_test_tensor = torch.tensor(y_test, dtype=torch.long)
train_dataset = TensorDataset(X_train_tensor, y_train_tensor)
train_loader = DataLoader(train_dataset, batch_size=32, shuffle=True)
#定义神经网络模型
class ClassificationNet(nn.Module):
    def __init__(self, input_size, num_classes):
        super(ClassificationNet, self).__init__()
        self.fc1 = nn.Linear(input_size, 64)    # 输入层到隐藏层
        self.fc2 = nn.Linear(64, 32)    # 隐藏层
        self.fc3 = nn.Linear(32, num_classes)    # 输出层

    def forward(self, x):
        x = torch.relu(self.fc1(x))    # ReLU 激活函数
        x = torch.relu(self.fc2(x))
        x = self.fc3(x)    # 输出层 (Softmax 在损失函数中计算)
        return x
# 获取特征数量和类别数量
input_size = X_train_tensor.shape[1]
num_classes = len(label_encoder.classes_)
#实例化模型
model = ClassificationNet(input_size, num_classes)
#定义损失函数和优化器
criterion = nn.CrossEntropyLoss()    # 多分类任务使用交叉熵损失
optimizer = torch.optim.Adam(model.parameters(), lr=0.001)
#训练模型
epochs = 500
for epoch in range(epochs):
    model.train()
    running_loss = 0.0
    for inputs, targets in train_loader:
        optimizer.zero_grad()
        outputs = model(inputs)
        loss = criterion(outputs, targets)
        loss.backward()
        optimizer.step()
        running_loss += loss.item()
    if (epoch+1) % 10 == 0:
        print(f"Epoch [{epoch+1}/{epochs}], Loss: {running_loss/len(train_loader):.4f}")
#评估模型
model.eval()
with torch.no_grad():
    outputs_test = model(X_test_tensor)
    _, predicted = torch.max(outputs_test, 1)    # 获取预测的类别
#计算准确率
accuracy = accuracy_score(y_test, predicted.numpy())
print(f"测试集准确率: {accuracy * 100:.2f}%")
```

2．思考题

（1）

常用的激活函数有 sigmoid 函数、Tanh 函数、ReLU 函数、Softmax 函数等。

（2）

①缓解梯度消失问题

ReLU：当输入为正值时，ReLU 函数的梯度恒为 1；当输入为负值时，梯度为 0。因此，它在正值区间上不会出现梯度消失问题。

sigmoid：sigmoid 函数的输出范围在 0 和 1 之间，当输入非常大或非常小时，其梯度接近于 0，容易导致梯度消失问题。这使得在深层网络中，权重的更新幅度较小，从而导致训练速度变慢，甚至模型不收敛。

②计算效率更高

ReLU：ReLU 函数非常简单，只需进行一个最大值的比较，因此计算速度较快。在正向和反向传播时，计算 ReLU 的梯度也非常高效。

sigmoid：sigmoid 函数涉及指数运算和除法运算，比 ReLU 的计算复杂，在大规模网络中，计算成本显著增加。

③收敛速度更快

ReLU：由于 ReLU 的梯度恒为 1 或 0，且没有复杂的指数运算，ReLU 函数可以在梯度下降过程中更快地收敛到最优解，尤其是在深层神经网络中表现更为显著。

sigmoid：由于存在梯度消失问题，sigmoid 函数可能导致模型的训练收敛速度较慢，特别是在深层网络中，训练时间显著增加。

（3）

链式法则：BP 算法的核心在于利用链式法则计算损失函数相对于每个权重的梯度。

梯度下降：通过梯度下降来更新权重，从而减小损失函数的值。

迭代过程：BP 算法是一个迭代过程，通过不断地调整权重和偏置，模型的预测会越来越准确。

第 8 章　计算机视觉

1．编程题

参考代码

```
import torch
import torch.nn as nn
import torch.nn.functional as F
import torch.optim as optim
from torchvision import datasets, transforms
#定义 LeNet 网络结构
class LeNet(nn.Module):
    def __init__(self):
        super(LeNet, self).__init__()
        # 第一个卷积层：输入通道数为 1（灰度图），输出通道数为 6，卷积核大小为 5x5
        self.conv1 = nn.Conv2d(1, 6, 5)
        # 第二个卷积层：输入通道数为 6，输出通道数为 16，卷积核大小为 5x5
        self.conv2 = nn.Conv2d(6, 16, 5)
        # 第一个全连接层：输入特征数为 16*4*4，输出特征数为 120
        self.fc1 = nn.Linear(16 * 4 * 4, 120)
```

```python
        # 第二个全连接层：输入特征数为 120，输出特征数为 84
        self.fc2 = nn.Linear(120, 84)
        # 输出层：输入特征数为 84，输出特征数为 10（对应 10 个分类）
        self.fc3 = nn.Linear(84, 10)
    def forward(self, x):
        # 第一个卷积层 + 平均池化层
        x = F.relu(self.conv1(x))    # 输入：1x32x32 -> 输出：6x28x28
        x = F.avg_pool2d(x, 2)       # 输入：6x28x28 -> 输出：6x14x14
        # 第二个卷积层 + 平均池化层
        x = F.relu(self.conv2(x))    # 输入：6x14x14 -> 输出：16x10x10
        x = F.avg_pool2d(x, 2)       # 输入：16x10x10 -> 输出：16x5x5
        # 展平操作，将二维的特征图变为一维的向量
        x = x.view(-1, 16 * 5 * 5)   # 16x5x5 -> 400
        # 第一个全连接层
        x = F.relu(self.fc1(x))      # 输入：400 -> 输出：120
        # 第二个全连接层
        x = F.relu(self.fc2(x))      # 输入：120 -> 输出：84
        # 输出层
        x = self.fc3(x)              # 输入：84 -> 输出：10
        return x
#实例化 LeNet 模型
model = LeNet()
#输出模型结构
print(model)
#超参数设置
batch_size = 64
learning_rate = 0.001
epochs = 10
#数据加载与预处理
transform = transforms.Compose([
    transforms.Resize((32, 32)),    # 调整大小到 32x32
    transforms.ToTensor(),
    transforms.Normalize((0.1307,), (0.3081,))   # 正则化
])
# 加载 MNIST 数据集
train_dataset = datasets.MNIST(root='./data', train=True, download=True,
transform=transform)
    train_loader = torch.utils.data.DataLoader(dataset=train_dataset, batch_size=
batch_size, shuffle=True)
    test_dataset = datasets.MNIST(root='./data', train=False, download=True,
transform=transform)
    test_loader = torch.utils.data.DataLoader(dataset=test_dataset, batch_size=batch
_size, shuffle=False)
# 定义损失函数和优化器
criterion = nn.CrossEntropyLoss()
optimizer = optim.Adam(model.parameters(), lr=learning_rate)
# 训练模型
for epoch in range(epochs):
    model.train()
    running_loss = 0.0
    for i, (inputs, labels) in enumerate(train_loader):
        optimizer.zero_grad()                    # 清空梯度
        outputs = model(inputs)                  # 前向传播
        loss = criterion(outputs, labels)        # 计算损失
        loss.backward()                          # 反向传播
        optimizer.step()                         # 更新参数
        running_loss += loss.item()
```

```
        if i % 100 == 99:                              # 每 100 个 batch 打印一次 loss
            print(f'Epoch [{epoch+1}/{epochs}], Step [{i+1}/{len(train_loader)}],
Loss: {running_loss / 100:.4f}')
            running_loss = 0.0
# 测试模型
model.eval()
correct = 0
total = 0
with torch.no_grad():
    for inputs, labels in test_loader:
        outputs = model(inputs)
        _, predicted = torch.max(outputs.data, 1)
        total += labels.size(0)
        correct += (predicted == labels).sum().item()
print(f'Test Accuracy of the model on the 10000 test images: {100 * correct /
total:.2f}%')
```

2．思考题

（1）图像和视频识别、自动驾驶、医疗影像分析、安全与监控、工业自动化、增强现实和虚拟现实、零售和电子商务等。

（2）卷积神经网络的基本模块及作用如下。

①卷积层

卷积层是卷积神经网络的核心模块，用于从输入数据中提取特征。它通过卷积核（滤波器）对输入进行卷积操作，生成特征图。卷积核会在输入数据上滑动，捕捉局部区域的信息。

②激活函数层

激活函数层是非线性转换的关键，通常在卷积层或全连接层之后使用。它将线性卷积输出转换为非线性，从而使网络可以表示更复杂的函数。

③池化层

池化层用于对卷积层输出的特征图进行下采样，减少数据的维度同时保留重要的特征信息。常见的池化操作包括最大池化和平均池化。

④全连接层

全连接层将高维抽象的特征映射到输出空间，通常在卷积层和池化层的堆叠之后。它将输入的特征向量与网络的权重矩阵相乘，并加上偏置，然后进行激活处理。

⑤归一化层

在网络的训练过程中，归一化层将输入的特征进行归一化处理，常见的归一化方法有批量归一化和层归一化。批量归一化在每一批数据中，将激活值重新调整为均值为 0，方差为 1 的分布。

第 9 章　自然语言处理

1．单项选择题

（1）B　（2）D　（3）B　（4）C　（5）D

2．编程题

（1）参考代码

```
import jieba
```

```
s='青春，是嬉笑声与哭泣声夹杂的年华。处于青春期的少年是蓝天中翱翔的幼鹰，虽然没有完全长大，有些稚
气，有些懵懂，脱不开父母的双手，却极力想去找寻属于自我的一片天空，为的是一时的激情，为的是一种独自翱翔
的感觉！'
    pun='，。""！'
    for  i in pun:
      s=s.replace(i,'')
    seg_list = jieba.cut(s, cut_all=False)
    print("【精确模式】: " + "/ ".join(seg_list))    # 精确模式
```

（2）参考代码

```
    import jieba.posseg as pseg
    s='青春，是嬉笑声与哭泣声夹杂的年华。处于青春期的少年是蓝天中翱翔的幼鹰，虽然没有完全长大，有些稚
气，有些懵懂，脱不开父母的双手，却极力想去找寻属于自我的一片天空，为的是一时的激情，为的是一种独自翱翔
的感觉！'
    pun='，。""！'
    for  i in pun:
      s=s.replace(i,'')
    seg_list = pseg.cut(s)
    result = ' '.join(['{0}/{1}'.format(w,t) for w,t in seg_list])
    print(result)
```

（3）参考代码

```
    # 基于TF-IDF算法的关键词抽取
    import jieba
    import jieba.analyse
    s='青春，是嬉笑声与哭泣声夹杂的年华。处于青春期的少年是蓝天中翱翔的幼鹰，虽然没有完全长大，有些稚
气，有些懵懂，脱不开父母的双手，却极力想去找寻属于自我的一片天空，为的是一时的激情，为的是一种独自翱翔
的感觉！'
    pun='，。""！'
    for  i in pun:
      s=s.replace(i,'')
    keywords = jieba.analyse.extract_tags(s, topK=10, withWeight=True, allowPOS=('n'
,'nr','ns'))
    for item in keywords:
        print(item[0],item[1])
```

第10章　人工智能前沿技术

1. 单项选择题

（1）B　（2）B　（3）D　（4）C　（5）A　（6）B　（7）A　（8）D　（9）B

2. 填空题

（1）智能体

（2）迁移学习

（3）信息